职业教育"十三五"规划教材·无人机应用技术

无人机操控技术

主　编　张月义　韦志军　郭文亮
编　者　张月义　韦志军　郭文亮
　　　　张翰博　张鹤东

西北工业大学出版社

西　安

【内容简介】 无人机操控技术是无人机专业必修课的教材。具体内容是多轴旋翼无人机基础操作、固定翼飞机操控原理、改善固定翼飞机的飞行性能、固定翼飞机飞行训练、固定翼教练机制作、固定翼飞机首飞航线控制、固定翼飞机起飞控制、固定翼飞机着陆控制、直升机、无人机飞行操控及无人机日常维护。本书具有技术前瞻性、业务通用性、案例趣味性等特点。

本书可以作为中、高职院校无人机应用技术专业课程的教材,也可供无人机培训学校学生和无人机爱好者学习、参考。

图书在版编目(CIP)数据

无人机操控技术/张月义,韦志军,郭文亮主编.
—西安:西北工业大学出版社,2019.12(2025.2重印)
ISBN 978 - 7 - 5612 - 6644 - 1

Ⅰ.①无⋯ Ⅱ.①张⋯ ②韦⋯ ③郭⋯ Ⅲ.①无人驾驶飞机-教材 Ⅳ.①V279

中国版本图书馆 CIP 数据核字(2019)第 277293 号

WURENJI CAOKONG JISHU

无 人 机 操 控 技 术

责任编辑:张　友		策划编辑:杨　军	
责任校对:胡莉巾		装帧设计:李　飞	

出版发行:西北工业大学出版社
通信地址:西安市友谊西路 127 号　　邮编:710072
电　　话:(029)88491757,88493844
网　　址:www.nwpup.com
印 刷 者:陕西奇彩印务有限责任公司
开　　本:787 mm×1 092 mm　　1/16
印　　张:10.75
字　　数:285 千字
版　　次:2019 年 12 月第 1 版　　2025 年 2 月第 6 次印刷
定　　价:39.00 元

如有印装问题请与出版社联系调换

前　言

　　围绕实现制造强国的战略目标,国务院印发了《中国制造2025》,明确了9项战略任务和重点。《中国制造2025》选择了包括航空航天装备在内的10大优势和战略产业作为突破点,力争到2025年达到国际领先地位或国际先进水平。《中国制造2025》重点领域技术路线图中指出,航空航天装备到2025年需求总价值约2万亿美元,随着空域开放的不断推进,国内通用飞机、直升机和无人机市场巨大。争取到2025年,无人机在边境巡逻、治安反恐、农林牧渔、地图测绘、管线监测与维修、应急救援、摄影娱乐等领域得到大量应用,市场规模超千亿元。

　　行业发展,人才先行。随着国内智能制造的加速推进,当下无人机应用及开发人才的培养模式、课程体系、教育方式等诸多因素引发的人才培养与企业需求严重脱节,从而造成当前企业和人才之间存在着非常突出的矛盾。一方面企业招不到合适人才,另一方面大批"人才"找不到工作。为适应智能制造新时代企业对人才的需求,笔者所在的团队对国内外多家知名无人机企业、高等院校、无人机科研机构进行了为期一年半的深度调研,根据市场需求变化、行业发展趋势,针对性研发出适合当下无人机应用与开发人才所需的SUAV2018课程体系。我们的目标旨在通过SUAV2018课程体系学习和实践,循序渐进地帮助您掌握无人机应用与开发的专业知识和技能,促进您快速积累项目工作经验,提升高端智能制造人才的综合素质,从而成为当代智能制造企业的复合型无人机应用与开发人才。

　　本书有以下四个特点:

　　一、技术前瞻性

　　本书是由70多位职业教育专家和无人机行业技术总监,根据企业需求和无人机行业技术的发展前景,共同编写而成的。在保证技术稳定性、实用性的基础上,有预见性地增加了行业前沿技术的内容,使学生全面掌握专业技能,为学生职业生涯的专向发展奠定基础。

　　二、业务通用性

　　针对国内外前10家无人机应用与研发企业展开行业人才需求的调查,以及企业对学生所具备的行业知识进行了深入的剖析,同时希望学生能够快速地了解企业的业务需求,为此,本书结合无人机行业技术实际,将企业中许多通用业务作为教材案例、授课案例、阶段项目或者实战项目等贯穿于整个体系之中,大大增加了学生对常规业务的理解和实现,进一步缩小了学校和企业的距离,为学生顺利就业、上岗奠定了坚实的基础。

　　三、案例趣味性

　　如果不能让学生产生学习的兴趣,那么学习就是枯燥的,他们将很难坚持学习并取得好的效果。本书从实际生活出发,列举了很多有趣的、浅显易懂的生活实例,从提出问题到分析问题,在寓教于乐中将枯燥的专业知识转换为学生应该具备的无人机应用与开发能力。

四、体系系统性

本书是根据学生认知规律形成的课程体系。本课程体系由浅入深,循序渐进,理论与趣味教学融为一体,将技能培养与素质教育完美结合,真正把学生打造成为企业最需要的无人机应用与开发人才。

本书由张月义、韦志军、郭文亮主编,由张月义、韦志军、郭文亮、张翰博、张鹤东共同编写完成,其具体分工如下:第 2~8 章由张月义、郭文亮编写,第 1、11 章由韦志军、张翰博编写,第 9、10 章由张鹤东编写。

在编写本书的过程中参阅了相关文献资料,在此,对其作者表示衷心的感谢!

由于水平有限,书中难免有不妥之处,敬请各位同行、专家和读者批评指正,以便后续修订、更正。

作　者

2019 年 7 月

目　　录

第 1 章　多轴旋翼无人机基础操作

1.1　课 前 预 习

📖 在书上找到答案

（1）多轴旋翼无人机到指定高度后维持高度的办法。

（2）无人机降落时的操作顺序。

（3）多轴旋翼无人机偏航操作注意事项。

（4）多轴旋翼无人机操作转弯的基本要点与方法。

（5）多轴旋翼无人机 4 位悬停操控控制方法。

1.2　概 述

　　一台飞行中的多轴旋翼飞行器速度可达到 40 km/h，如果发生失控、坠落等情况，后果不堪设想。因此，一位合格的飞手（操控者）不仅要做到缜密的飞行前准备（有关上电前、上电后、预飞行的内容可查看操作必知项目表），还要密切留意无人机在飞行中的各种状态，同时要保证无人机的日常维护。多轴旋翼无人机组件如图 1-1 所示。

图 1-1　多轴旋翼无人机组件

本章所讲内容：

（1）多轴旋翼无人机起飞与降落。

（2）多轴旋翼无人机升降。

（3）多轴旋翼无人机偏航与俯仰。

（4）多轴旋翼无人机悬停。

（5）多轴旋翼无人机直线与曲线飞行。

（6）多轴旋翼无人机检查与维护。

1.3 起飞与降落练习

起飞与降落是飞行过程中首要的操作，虽然简单但也不能忽视其重要性。首先来看看起飞过程（这里就省略接通电源操作）。远离无人机，解锁飞控，缓慢推动油门等待无人机起飞，这就是起飞的操作步骤，其中推动油门一定要缓慢，即使已经推动一点距离，电机还没启动也要慢慢来。这样可以防止由于油门过大而无法控制飞行器。在无人机刚起飞后，不能保持油门不变，而是无人机到达一定高度，一般离地面约 1 m 后开始降低油门，并不停地调整油门大小，使无人机在一定高度内徘徊。这是因为有时油门稍大无人机上升，有时稍小无人机下降，必须控制油门才可以让无人机保证飞行的高度，如图 1-2 所示。

降落时，同样需要注意操作顺序：降低油门，使飞行器缓慢地接近地面；离地面约 5～10 cm 处稍稍推动油门，降低下降速度；然后再次降低油门直至无人机触地（触地后不得推动油门）；油门降到最低，锁定飞控。相对于起飞来说，降落是一个更为复杂的过程，需要反复练习。在起飞和降落的操作中还需要注意保证无人机的稳定，飞行器的摆动幅度不可过大，否则降落和起飞时，有打坏螺旋桨的可能。

图 1-2 无人机起飞与降落练习

1.4　升 降 练 习

简单的升降练习不仅可以锻炼对油门的控制,还可以让初学者学会稳定飞行器的飞行。在练习时注意场地要有足够的高度,最好在户外进行操作。

1.4.1　上升练习

无人机上升时,螺旋桨转速增加,主要的操作杆是油门操作杆(美国手左侧摇杆的前后操作为油门操作,日本手右侧摇杆的前后操作为油门操作)。练习上升操作时,假定无人机已经起飞,缓缓推动油门,此时无人机会慢慢上升,油门推动越多(不要把油门推动到最高或接近最高),上升速度越快。

在达到一定高度时或者上升速度达到自己可操控限度时停止推动油门,这时,会发现无人机依然在上升。若想停止上升,必须降低油门(注意不要降得太猛,保持匀速即可)直至无人机停止上升。然而这时会发现无人机开始下降,此时又需要推动油门让无人机保持高度,反复操作后飞行器即可稳定。

1.4.2　下降练习

下降过程同上升过程正好相反。下降时,螺旋桨的转速会降低,无人机会因为缺乏升力开始降低高度。在开始练习下降操作前,确保无人机已经达到了足够的高度,在无人机已经稳定旋停时,开始缓慢地下拉油门。注意,不能将油门拉得太低。在无人机有较为明显的下降时,停止下拉油门摇杆。这时无人机还会继续下降。同时,注意不要让无人机过于接近地面,在到达一定高度时开始推动油门迫使无人机下降速度减慢,直至无人机停止下降。这时会出现与上升操作类似的情况,无人机开始上升,这时又要降低油门,保持现有高度,经过反复几次操作后无人机保持稳定。

在这个过程中如果下降的高度太多,或者快要接近地面,但是无人机无法停止下降,需要加快推动油门速度(操控者要自行考量应该要多快)。但是注意查看无人机姿态,若过于偏斜,则不可加速推动油门,否则有危险。

在这里可以看出无人机的下降过程不同于上升过程。因为上升时需要螺旋桨的转速提供升力,而且在户外,一般没有上升的限制,而下降则不同,螺旋桨提供的升力成了辅助用力,下降主要靠重力作用。所以对于下降来说更难操作,需要多加练习才能很好地掌握。

1.5　俯 仰 练 习

俯仰操作也是无人机飞行的基本操作。俯仰操作用于无人机的前行和后退,保证飞行器正确飞行。

1.5.1　附冲练习

俯冲操作时,无人机的机头会略微下降,机尾会抬起,机头两个螺旋桨转速下降,机尾螺旋桨转速提高,螺旋桨提供的合力的方向就会与水平面有一定的夹角。这样一来,不仅可以给无人机提供抵消重力的升力,还可以提供前行的力。这时升力也会减小,所以无人机会降低,可以适当推动油门。

操作俯冲的摇杆(美国手发射机为右侧摇杆,日本手发射机为左侧摇杆),只要往前推摇杆,无人机就会俯冲向前。同样在俯冲前行时要注意,开始俯冲时要让飞行达到一定高度,对于新手,飞行最好离地一人以上的高度,并且确认无人机前行的"航线"上没有任何障碍物(并确保飞行时不会有障碍物移动到飞行器前方或附近)。

飞行时轻推摇杆,飞行器即开始向前飞行。推动摇杆的幅度越大,飞行器前倾的角度也越大,前行速度越快。当推动摇杆的幅度过大时,机头前的螺旋桨可能会过低,导致飞行器前翻,或者直接坠机(有自稳器一般不会出现这个状况,但也不要轻易尝试)。所以在推动摇杆俯冲时,推动幅度不能太大,一般只要无人机开始前行即可停止推动,保持摇杆当前的位置,让无人机继续向前飞行。同样,在飞行时需要使用其他摇杆,来保持飞行方向。

1.5.2 上仰练习

上仰操作与俯冲操作类似,只不过需要将摇杆从中间位置向后拉动。在拉动过程中,无人机尾部两个螺旋桨会减缓转速,机头两个螺旋桨会加快转速。然后会出现与俯冲操作相类似的现象,只不过无人机会向后退行。所以在练习操作时需要确保无人机后退的线路上没有任何障碍物,包括操作者自己也不要站在无人机后面,以免发生意外。确保一切安全后就可以开始操作练习。缓慢拉下摇杆,飞行器开始退行时停止拉动摇杆。这时飞行器会继续退行。退行一段距离后,缓慢推动摇杆直到摇杆恢复到中间位置时停止推动,这时飞行器就会停止退行,上仰练习完成。

1.6 偏 航 练 习

偏航练习,用于学习无人机改变航线的练习。在飞行过程中改变航向也是一个常用的基本操作。

1.6.1 左偏航练习

左偏航练习是在无人机前行时,使无人机向左偏转的操作(类似于汽车转弯)。在进行偏航操作时,使用到的摇杆是油门摇杆。在左偏航时,摇杆轻轻向左拨动。摆动以后,无人机的机头会开始偏向,其实飞行器没有进行俯仰操作时,直接摇动偏航,无人机会原地旋转(类似于陀螺),转动速度与摇杆拨动的幅度有关系,摇杆偏离中心位置越大,转动的速度越快(当然为了不出意外,还是不要尝试偏离太多)。同样在练习时需要练习两种模式:

第一种:左转弯。这项操作需要使用俯仰操作来配合。首先需要使用俯仰操作让无人机前行,缓慢将油门杆向左拨一点,然后停止操作(保持现在的摇杆位置)。这时候无人机已经开始向左转弯。保持摇杆位置大约 $2\sim4$ s 即可将油门杆的左右方向回中,右侧方向摇杆全部回中,这就是"左转弯"操作。

第二种:(逆时针)旋转。这一步操作看起来很简单,只需要将油门杆拨动到一侧即可,但是在旋转过程中可能无法保持正确位置(无人机会到处跑),所以在做旋转操作时需要慢慢来。首先,需要将油门杆轻轻拨动下,看到无人机开始有轻微的转动时停止拨动,保持现有位置。

这时无人机会慢慢开始转动,同时应该注意无人机飞行方式,如果有些控制不住,立刻松开油门杆,让油门自动回中。同时,准备控制方向杆控制无人机位置。如果发现无人机在旋转时则需要拨动油杆。操作无人机旋转一圈后即可算是完成了旋转练习。

1.6.2　右偏航练习

右偏航练习同左偏航练习类似,只需要将摇杆向右拨,也同样需要两种练习,即右转弯和旋转。在此提醒读者,右偏航和左偏航练习,来回交替练习更好。

1.7　悬　　停

悬停是一项比较基本、复杂的操作。在这里需要强调一下,悬停操作需要达到的要求有:保持无人机高度不变,保持飞行不会出现前移、后退,保持无人机不会左右摇摆。可以说悬停操作是几个日常操作练习中最为复杂的一项。学会悬停,可以很好地进行无人机和发射机的微调。所以在练习时要认真体验这种操作,为以后的无人机调试打下基础。

悬停操作,看上去很简单,但是由于飞控的程序自行调整有时有些不准确(原因可能是传感不灵敏,或内嵌程序算法有些不太好,也有可能是发射机的中点没有校准好),因而在油门固定,其他摇杆都不动的情况下,无人机有可能会不停地乱飞,当然速度较慢(如果在发射机没有校准好的情况下,这样飞行比较危险)。说到底,悬停操作需要凭感觉,当然就是需要多练习。悬停操作的步骤也很简单,当无人机达到一定高度时保持无人机高度,并保持不会偏移(其实多少都有变化,只要控制到一定程度即可)。具体如何操作,笔者不便于说,因为对于不同无人机不同的发射机会有微妙的变化,只有读者自己慢慢体会才行。

1.7.1　对尾悬停

无人机尾部朝向飞手,升空完成悬停,尽量保持在定点不跑。

使无人机机尾部朝向自己,能够以最直观的方式操控无人机,降低由于视觉方位给操控带来的难度。对尾悬停可在初期锻炼飞手在操控上的基本反射,熟悉无人机在俯仰、滚转、方向和油门上的操控。

完成对尾悬停练习,意味着飞手从"不会飞"正式进入"开始飞"的阶段。

要领:请尽量保持定点悬停,控制无人机基本不动或尽量保持在很小的范围内漂移。

培养在无人机有偏移的趋势时就能给予纠正的能力,这对后面的飞行至关重要。

切忌自我满足,认为能控制住无人机不炸机就是成功了,无人机飘来飘去也不及时纠正。这样会对以后的飞行造成较大困难。虽然枯燥,但飞好对尾悬停非常重要,如果你觉得自己过关了,那么在模拟器中加入 5 级风下再试试。

1.7.2　侧位悬停

侧位悬停是指无人机升空后,机头向左(左侧位)或向右(右侧位),完成定点悬停。这是对尾悬停过关后,飞手接下来要突破的一个科目。侧位悬停能够极大地增强飞手对无人机姿态的判断感觉,尤其是远近的距离感。对于一个新手来说,直接练习侧位悬停的风险很大,因为无人机横侧方向的倾斜不好判断。可以从 45°斜侧位对尾悬停开始练习,这样可以在方位感觉上借助对尾悬停继承下来的条件反射。在斜侧位对尾悬停完成后,逐渐将无人机转入正侧位悬停,会比较容易。需要指出的是,一般人都有一个侧位是自己习惯的方位(左侧位或右侧位),这是正常的。但不要只飞自己习惯的侧位,一定要左右侧位都练习,直到将两个侧位在感觉上都熟悉为止。侧位悬停的难度要比对尾悬停高,可认为 4 级风下,在 3 m 直径的球空间内完成 7 s 以上的侧位悬停,就是过关。飞好侧位悬停后,意味着小航线飞行成为可能,飞手终于可以突破悬停飞行的枯燥转而进入航线飞行。

1.7.3　对头悬停

对头悬停是指无人机升空后,机头朝向飞手,完成定点悬停。虽然完成侧位悬停后,理论上可以进行小航线飞行,但仍建议先将对头悬停练习好。对于新手而言,对头悬停是异常困难的,因为除了油门以外,其他方向的控制对于飞手的方位感觉来说,跟对尾悬停相比似乎都是相反的。尤其是前后方向的控制,推杆变成了朝向自己飞行,而拉杆才是远离。新手如果不适应犯错的话,是非常危险的。可以先尝试 45°斜对头悬停,再逐渐转入正对头悬停,这样可以慢慢适应操控方位上的感觉,能有效减少炸机的概率。

对头悬停对于航线飞行来说非常重要,好好练习,一定要把操控反射的感觉培养到位,对于今后进入自旋练习也相当有好处。把机头朝向自己有种美妙的感觉,就像是飞机在与飞手进行面对面的交流。对头悬停的过关标准在 5 级风下把飞机控制在 2 m 直径的球空间内超过 10 s。

1.8　直 线 飞 行

直线飞行是一个相对简单的操作,理论上来说,只需要推动俯仰摇杆即可,但是实际情况不会这么简单。同样由于飞控传感器和算法的问题,有时候是因为有风的缘故,无人机不会完全按照发射机的操作来完成动作。所以这时需要调整发射机的操作,保证无人机沿直线飞行。不过需要注意,在俯仰摇杆推动或下拉的幅度过大时,无人机就有下降的趋势,甚至有时候在幅度过大时直接冲向地面。所以在进行操作时候要注意安全。

1.9　曲 线 飞 行

曲线飞行就是让无人机沿着一条曲线飞行。例如沿 Z 字形或 S 字形的路线飞行,这样的飞行方式不是为了好玩,而是为了锻炼飞手自由操控无人机的方式,类似于"违反常识"的感觉。所以需要反复练习操作方式并感受无人机的飞行规律。

曲线飞行操作,肯定有别于直线飞行,当然也比直线飞行要复杂得多。首先,明确飞行路线,确保飞行路线上没有任何障碍物或人。然后在无人机起飞后,就开始沿着曲线路径飞行。飞行时,需要使用油门摇杆控制无人机的朝向,使用方向摇杆让无人机前进飞行。

不过,这只是一种曲线飞行的方式,因为四轴的特殊结构,在曲线飞行中还需要另外一种方式。之前的曲线飞行是在不停地改变机头的朝向,而这种方式是利用侧向飞行来实现机头不变的曲线飞行。所以在说曲线飞行时我们还有第二种练习方式:使用油门摇杆控制飞行器的高度,并保持机头方向不变,使用方向摇杆控制无人机前行和侧向飞行。逐步控制即可完成机头方向不变的曲线飞行。前进时曲线飞行练好后,可以试着练习后退时曲线飞行。不过需要注意,当还不太熟悉无人机的方向控制时最好先不要练习,否则会有一定的危险。

1.10　爬　升　练　习

爬升练习类似于爬坡,主要在无人机前行的基础上提高无人机的高度,相对来说这个操作较为简单。在操作时,需要在推动俯仰方向摇杆使无人机前进的同时加大油门(油门大小视情况而定),这样在飞行时无人机就会按照一个斜坡方式开始爬升。待爬升到一定高度的时候,停止爬升,接下来就可以做下降练习。

在爬升时需要注意,当开始推动俯仰方向杆时,无人机前段下沉,同时有可能因为失去必要的升力,这时无人机开始下降(并开始前行,在直线飞行时,大家可能深有体会),所以这时需要加大油门。而到达了最高点,如果仅仅是将俯仰方向杆恢复到中心位置,无人机还会继续上升,这时候需要适当降低油门。

1.11　下　降　练　习

下降练习与爬升练习相似,只不过这时需要降低高度,也就是降低油门。操作方式与上升相似,向前推俯仰方向杆,适当拉下油门摇杆(有一点幅度即可,新手不宜过多),这时看到无人机开始降低高度。如图 1-3 所示。

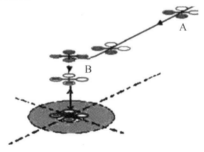

图 1-3　下降练习

在飞行时需要注意,下降的最低限度是距离地面一人高以上,因为在最后停止下降时会有新手无法控制的一个阶段,要给自己留一点控制余地,不要一降到底,否则很有可能毁坏无人机。

1.12　航　线　练　习

1.12.1　小航线飞行

无人机升空后,使用方向舵进行转弯,不用或尽量少用副翼转弯,顺时针/逆时针完成一个闭合运动场型航线。

小航线飞行是 4 位悬停(对尾、两个侧位、对头)过关后应首先进行的科目,这是所有航线飞行的基础。

对于一个 4 位悬停已经熟练的飞手来说,会发现小航线飞行是如此简单。相反地,如果 4 位悬停并没有真正过关,那么即便是小航线飞行也是一种挑战。刚开始进行小航线飞行的窍门在于,一定要注意控制无人机前进的速度,过快的前行速度会给新手的小航线飞行带来意想不到的困难。转弯时应适当控制转向速度,不用着急立刻转过来,在4位悬停已经熟练的情况下,缓慢有节奏的转向才是正确的做法。

不得不再强调一下,顺时针小航线和逆时针小航线都要飞行熟练。虽然对大多数人来说,总是一个方向的航线飞行较为习惯,但熟悉双向的航线飞行对于后面的其他科目来说,是至关重要的。

请按照高标准的规格进行小航线飞行练习,不要忍不住到处乱飞,放任无人机想往哪儿去就往哪儿去,这样的飞手随便玩玩娱乐一下是可以的,但也就仅限于此了,不会有什么操控水平上的进步的,更谈不上"飞行技术"4个字。

过关的小航线动作标准是:直线飞行时控制好航线的笔直,转弯飞行时控制好左右弯半径的一致。在整个航线飞行过程中应尽量保持速度一致,高度一致。4级风内做到上述标准。

1.12.2 8字小航线飞行

无人机升空后,使用方向舵进行转弯,不用或尽量少用副翼转弯,在水平方向上,顺时针/逆时针完成一个8字航线。

8字小航线飞行能帮助飞手进一步熟悉航线飞行的空中方位和手感,对于一个全面的飞手来说至关重要。

如果你已经将顺时针、逆时针小航线飞行都掌握了,那么8字小航线飞行对你来说就是小菜一碟。如果在实际飞行中,你仍然感到8字小航线飞行较为困难,即说明你的顺、逆时针小航线飞行甚至4位悬停并未真正过关。

8字小航线飞行可以在很大程度上培养飞手在航线中对直升机方位感的适应性,又能在一个航线中将向左转弯和向右转弯同时练到,是初级航线飞行必练的科目。

开始可以根据自己的习惯选择在两侧转弯的方向,但最终一定要全部练到,即在左侧顺时针转弯,在右侧逆时针转弯,或者在左侧逆时针转弯,在右侧顺时针转弯。

8字小航线飞行的诀窍在于:根据自己的能力控制无人机前行的速度,并在航线飞行过程中不断纠正姿态和方位,努力做到动作优美、规范。

标准的8字小航线飞行为:左、右圈飞行半径一致,8字交叉点在飞手正前方,整个航线飞行中飞行高度一致、速度一致。如图1-4所示。

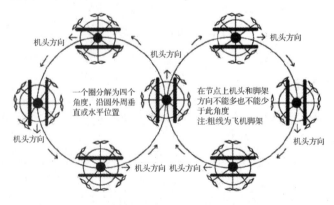

图1-4 无人机8字小航线分解

如能在 4 级风下基本达到上述标准,则说明你的 8 字小航线飞行过关了。

1.12.3　8 字大航线飞行

无人机机升空后,以较快速度飞行,在水平方向上完成一个 8 字大航线。

8 字大航线飞行是使航线飞行进一步熟练的阶梯,用以培养飞手在任意方向上对航线飞行的操控能力。

在大航线飞行过关后,8 字大航线飞行可实现在一个航线内同时练习到顺时针和逆时针转向,能够在较大程度上提升飞手的航线飞行熟练程度。

8 字大航线飞行的诀窍是:一定要先飞熟练顺、逆时针的大航线,然后先控制飞行速度并保持安全高度,待几圈飞行尝试后,再逐渐降低高度和提升前行速度。如果顺、逆时针大航线飞行已经很熟练的话,8 字大航线飞行只是顺理成章的事,不需要太多起落的练习即可掌握。

如对飞行技术有所追求,在日常飞行中也应注重动作质量的把握。尽量维持 8 字航线的速度一致、高度一致、左右转弯半径一致、转弯坡度一致,并将 8 字交叉点放在飞手的正前方。在 4～5 级风下能够做到上述标准,说明你的 8 字大航线飞行已经过关了。

1.13　飞行前的检查

无人机的任何一个小问题都有可能导致在飞行过程中出现事故或损坏,因此在飞行前应该做充足的检查,防止意外发生。

1.13.1　机械部分

(1) 上电前应先检查机械部分相关零部件的外观,检查螺旋桨是否完好,表面是否有污渍和裂纹等(如有损坏应更换新螺旋桨,以防止在飞行中无人机震动太大导致意外)。检查螺旋桨旋向是否正确,安装是否紧固,用手转动螺旋桨查看旋转是否顺畅等。

(2) 检查电机安装是否紧固,有无松动等现象(如发现电机安装不紧固应停止飞行,使用相应工具将电机安装固定好)。用手转动电机查看电机旋转是否有卡涩现象,电机线圈内部是否干净,电机轴有无明显的弯曲。

(3) 检查机架是否牢固,螺丝有无松动现象。

(4) 检查云台转动是否顺畅,云台相机是否安装牢固。

(5) 检查飞行器电池安装是否正确,电池电量是否充足。

(6) 检查飞行器的重心位置是否正确。

1.13.2　电子部分

(1) 检查各个接头是否紧密,插头焊接部分是否有松动、虚焊、接触不良等现象(杜邦线,XT60,T 插头,香蕉头等)。

(2) 检查各电线外皮是否完好,有无刮擦脱皮等现象。

(3) 检查电子设备是否安装牢固,应保证电子设备清洁、完整,并做一些防护(如防水、防尘等)。

(4) 检查电子罗盘、IMU(惯性测量单元)等的指向是否和飞行器机头指向一致。

（5）检查电池有无破损、鼓包胀气、漏液等现象（如出现上述情况，应立即停止飞行，更换电池），测量电池电量是否充足（建议每次飞行前都应把电池充满电）。

（6）检查遥控器设置是否正确，遥控器电池电量是否充足，各挡位是否处在相应位置，各摇杆微调是否为 0，上电前油门是否处于最低位置。

注：当本次飞行场地和上一次飞行场地有较大变动时，建议起飞前重新做磁罗盘校准。

1.14　上电后的检查

飞行器通断电顺序：起飞前先上遥控器电源，再上飞行器电源；降落时先关飞行器电源，再关遥控器电源。

（1）检查电调指示音是否正确，LED 指示灯闪烁是否正常。

（2）检查各电子设备有无异常情况（如异常震动、异常声音、异常发热等）。

（3）检查云台工作是否正常。

（4）解锁轻微推动油门，观察各个电机是否旋转正常。

1.15　飞行过程中的注意事项

（1）飞手应时刻清楚飞行器的姿态、飞行时间、飞行器位置等重要信息。

（2）确保飞行器和人员处于安全距离。

（3）确保飞行器有足够的电量，能够安全返航。

（4）若进行超视距飞行，应密切监视地面站中显示的飞行器姿态、高度、速度、电池电压、GPS 卫星数量等重要信息。

（5）若飞行器发生较大故障有坠机可能时，要首先确保人员安全。

（6）飞行器飞行结束降落后，确保遥控器已加锁，然后切断飞行器电源，再切断遥控器电源，最后关闭其他各类电子设备电源。

（7）飞行完后检查电池电量、飞行器外观、机载设备。

（8）整理设备。

1.16　维护注意事项

（1）锂电池长期不使用时应将电池进行放电处理，单片电芯的保存电压建议维持在 3.8 V 左右，否则会对电池的使用寿命产生影响。

（2）锂电池单片的满电电压不能超过 4.2 V，过度地充电有可能导致电池鼓包甚至会有爆炸的危险。

（3）锂电池充电时应注意充电电流不能太大，不应超过电池规定的充电电流。

（4）锂电池应远离易燃易爆物品存放。

1.17　特别注意事项

（1）调试飞行器时一定确保螺旋桨未安装于电机上（禁止螺旋桨安装于电机上时进行调

试飞行器操作,否则有可能发生意外事故)。

(2) 严禁室内、室外带桨手持测试,如有特殊测试需求,请务必带上护目镜。

(3) 严禁近身起飞,飞行器起飞请务必保持与飞手距离 3 m 以上。

(4) 严禁地面突然急推油门起飞,避免飞行器姿态出错不可控撞向人群。

(5) 严禁飞手外其他人员擅动遥控器,避免误操作导致意外发生。

(6) 严禁任何情况下手接降落飞行器。

(7) 严禁飞行器降落后,桨未停转或未自锁拿起飞行器,务必保证飞行器自锁后再行移动。

1.18　总　　结

本章主要介绍了多轴旋翼无人机的各种飞行手法和不同模式飞行实践操作、无人机起飞与降落、无人机升降、无人机悬停、无人机直线与曲线飞行和特殊任务飞行。为了掌握飞行技术,无人机检查与维护也是重点学习的内容。

1.19　项 目 实 训

本章实训课时为多轴飞机模拟地面飞行理论教学和室外实训飞行教学。具体如下:

(1)在模拟机上练习无人机的飞行,必要时在模拟机上添加不同的飞行环境参数,如室外风速大小、风的吹向、阳光强度大小等。

(2)完成室外无人机实操练习,包括悬停、4 位悬停航线飞行、8 字航线飞行。

(3)要密切做好无人机飞行姿态、高度、速度、电池电压、GPS 卫星数量的监视练习。

(4)在完成飞行练习后,做好当天飞行总结。

1.20　课 后 习 题

1.多轴无人机起飞与降落要点有哪些?

2.多轴无人机上升和下降要点有哪些?

3.多轴无人机 8 字大航线飞行要点有哪些?

4.飞行前的检查有哪些?

第2章 固定翼飞机操控原理

2.1 课前预习

📖 **在书上找到答案**

(1)推进式与拉进式固定翼无人机的优缺点。

(2)前三点式固定翼飞机起飞的操作注意事项。

(3)后三点式固定翼飞机起飞的操作注意事项。

(4)操作转弯的基本要点与方法。

(5)直线飞行中如需要对飞行航线进行调整采用的操控方法。

2.2 概 述

绝大多数初学固定翼飞机的飞行员在一开始的时候都会很自然地根据飞机的飞行状况去被动地"反应"。顾名思义,一个"被动的反应者"必定得先见到错误才能够决定下一步该怎样行动。因此,所有对飞机被动反应的"反应者"在开始的时候都会遇到螺旋俯冲的问题。这其实很好理解:他们在开始转弯的时候先压一点儿副翼,然后一边用眼睛观察机翼的倾斜情况,一边用手继续压着副翼。当飞机开始下沉的时候,他们就把注意力转移到如何拉升降舵以使飞机保持平飞,就在这一过程中,他们始终压着副翼。这样,其结果就是飞机倾斜得更厉害,更加急剧地螺旋俯冲。飞行员开始犯糊涂:"为什么我拉升降舵了,飞机还要往下俯冲呀?"清楚地知道如何飞就能够基本上避免采用这一惯用的见错改错的方式来转弯。本章就固定翼无人机在转弯过程中副翼与升降舵的正确用法,副翼操纵幅度不同和飞机坡度不同对转弯半径的影响,左右转弯如何获得正确的操纵幅度展开讲解。通过本章的学习,希望大家能掌握正确的固定翼无人机转弯操控方法。

本章所讲内容:

(1)固定翼无人机在转弯过程中副翼与升降舵的正确用法。

(2)副翼操纵幅度的不同和飞机坡度的不同对转弯半径的影响。

(3)转弯过程中机头下沉时升降舵的正确操作方法。

(4)左右转弯操作杆正确的操纵幅度。

2.3　固定翼飞机飞行原理

飞机从地面滑跑到离地升空,是由于升力不断增大,直到大于飞机重力的结果。而只有当飞机速度增大到一定值时,才可能产生足以支持飞机重力的升力。可见飞机的起飞是一个速度不断增加的加速过程。故起飞一般只分三个阶段,即起飞滑跑、离地和上升。起飞滑跑的目的是为了增大飞机的速度,直到获得离地速度。拉力或推力越大,剩余拉力或剩余推力也越大,飞机增速就越快。起飞中,为尽快地增速,应把油门推到最大位置,并同时保持滑跑方向。

对螺旋桨飞机而言,起飞滑跑中引起飞机偏转的主要原因是螺旋桨的副作用。起飞滑跑中,螺旋桨的反作用力矩使飞机向螺旋桨旋转的反方向倾斜,造成两主轮对地面的作用力不等,从而使两主轮的摩擦力不等,两主轮摩擦力之差对重心形成偏转力矩。螺旋桨滑流作用在垂直尾翼上也产主偏转力矩。螺旋桨的进动作用也会使飞机产生偏转。加减油门和推拉操纵杆的动作越粗猛,螺旋桨副作用影响越大。为减轻螺旋桨副作用的影响,加油门和推拉操纵杆的动作应柔和适当。

在滑跑后段应用舵来保持滑跑方向。随着滑跑速度的不断增大,方向舵的效用不断提高,就应当回舵,以保持滑跑方向。当速度增大到一定值时,升力稍大于重力,飞机即可离地。此时升力大于重力,拉力或推力大于阻力。

飞机刚离地时不宜用较大的上升角上升。上升角过大,会影响飞机增速,甚至危及安全。为了减小阻力,便于增速,飞机离地后一般不低于 5 m 高度改平飞,因为这时飞行高度低,飞机如有坡度,就会向下侧滑而可能使飞机撞地。因此发现飞机有大坡度应及时纠正。当速度增加到规定值时,应柔和推杆使飞机转入稳定上升,上升到规定高度。影响起飞滑跑距离的因素有油门位置、离地迎角、襟翼反置、起飞重量、机场标高与气温、跑道表面质量、风向风速、跑道坡度等。这些因素一般都是通过影响离地速度或起飞滑跑的平均加速度来影响起飞滑跑距离的。

2.4　固定翼飞机飞行方法

进行固定翼无人机飞行要记住的一点就是:迎风起飞,迎风降落。起飞和降落是每次飞行中的两个重要环节。所以,我们首先需要掌握好起飞和着陆的原理和技巧。航模滑翔机起飞之前要观察周围环境,影响起飞的首要条件是风向、风速,最主要的一点就是迎风起飞。航模滑翔机可手投起飞。方法是一手将油门推到最大,一手将飞机向前水平投掷。也可以跑道滑行起飞。一般来说手投起飞较跑道滑行起飞更省电、更快捷。

注意事项:

(1)油门位置:油门越大,螺旋桨拉力或推力越大,飞机增速越快,起飞滑跑距离就越短。所以,一般应用最大功率或最大油门状态起飞。

(2)离地迎角:离地迎角的大小取决于抬前轮或抬机尾的高度。离地迎角大,离地速度小,起飞滑跑距离短。但离地迎角又不可过大,离地迎角过大,不仅会因飞机阻力大而使飞机增速慢,延长滑跑距离,而且会直接危及飞行安全。

(3)襟翼位置:放下襟翼,可增大升力系数,减小离地速度,因而能缩短起飞滑跑距离。

(4)起飞重量：起飞重量增大，不仅使飞机离地速度增大，而且会引起机轮摩擦力增加，使飞机不易加速。因此，起飞重量增大，起飞滑跑距离增长。

(5)机场标高与气温：机场标高或气温升高都会引起空气密度减小，一放面使拉力或推力减小，飞机加速慢；另一方面，使离地速度增大，因此起飞滑跑距离必然增长。

(6)跑道表面质量：不同跑道表面质量的摩擦因数不同，滑跑距离也就不同。跑道表面如果光滑平坦而坚实，则摩擦因数小，摩擦力小，飞机增速快，起飞滑跑距离短。反之跑道表面粗糙不平或松软，起飞滑跑距离就长。

(7)风向风速：起飞滑跑时，为了产生足够的升力使飞机离地，不论有风或无风，离地空速是一定的。但滑跑距离只与地速有关，逆风滑跑时，离地地速小，所以起飞滑跑距离比无风时短。反之则长。

(8)滑跑坡度：跑道有坡度，会使飞机加速力增大或减小。

2.5 飞行前注意事项

初学者千万不要以为模型做好后就可以很顺利地放飞和得心应手地进行操纵了。在平地学骑自行车尚且难免摔机；要学会操纵一架在三维空间运动的模型飞机，一定要耐心细致，循序渐进，不能急躁和粗心大意。前几次试飞一定要在有老师指导下进行，请他们先帮助你飞一下，将几个舵面的中心位置调好，然后再逐步教会你，并且按照下面介绍的步骤小心进行，一般通过多次训练就能逐渐入门。

首先需要特别强调的是飞行前一定要充分做好以下准备工作：

(1)操纵系统的运转必须可靠。

(2)可操纵的距离必须足够远，对于全新的遥控设备最好在空旷地实测，其可控距离至少在 300 m 以上(此时飞机可捧在手中而不必放在地上)；对于以前已经用过的设备，为方便起见，可以将发射机天线全部缩进再测试，此时地面可控距离一般仍应在 12 m 以上(在空旷地面，接收机天线全部放开)。

(3)飞机的机翼、尾翼不能有明显的扭曲变形，安装足够牢固。

(4)机翼与尾翼的安装位置必须正确，重心位置必须符合设计要求。通常，模型飞机的重心可设定在离机翼前缘 30%处；动力滑翔机可设在 33%～35%处。

(5)发射机和接收机的电池事先必须充足。

2.6 固定翼飞机动力布局探究

固定翼飞机在动力装置的布局形式上，分推进式和拉进式。

2.6.1 推进式

将螺旋桨安置在模型重心后方的布局称为推进式，如图 2-1 所示。由于推进式布局的螺旋桨后方气流通畅无阻挡，因此螺旋桨效率要高些。这种布局最大的好处是模型着陆时螺旋桨与电机几乎不会受损坏。然而由于螺旋桨装在高处，它的推力会对模型产生一个低头力矩。虽然加一定的下推角可以适当减小这个力矩，但由于动力强大，加上其大小不断变化，这个角度难以调整,会给操纵增加一定的难度。而且由于有个向下的分力会抵消部分升力,因此这种形式主要适用于动力弱小的电动滑翔机,螺旋桨直径也不宜取得太大。

图 2-1 "推进式"布局结构

2.6.2 拉进式

而常见的将螺旋桨装在头部的方式称为拉进式,如图 2-2 所示。常规的拉进式设计拉力线很容易调整,操纵也较容易,致命的弱点是模型着陆时稍受冲撞便会打坏螺旋桨甚至电动机。因此,国外的许多模型都采用折叠式螺旋桨来保护其不受损伤。即便如此,在操纵拉进式电动模型着陆时也必须十分小心,机头部分任何一次粗暴冲撞都可能造成整个动力装置的损坏。

图 2-2 "拉进式"布局结构图

2.7 起飞与升高

固定翼无人机起飞阶段为整个飞行操控过程中最重要的一个环节,也是最容易出现问题的环节,从初学者的起飞动作来看,一般都是先在跑道缓缓地爬行,并且在助跑时大都会采取蛇行的姿势,然后再大力催油门,让飞机做急速的上升。因此,我们常常可以在起飞离地的瞬间,看到遥控飞机极不稳定的一面!那么,所谓正确的起飞是怎么样的状态呢?首先让飞机在跑道上缓缓地加速,这时除了油门的控制必须互相配合外,让引擎保有在低速运转时的安定性是尤其必要的。要做出正确的起飞,如果不在飞机完全静止的状态下启动是不行的。

2.7.1 前三点式的机种起飞操控

首先,刚开始的重点是小心谨慎的油门操作。严禁急躁地将油门打开,在感觉上是一步一步慢慢地将油门打开,然后让飞机慢慢地滑行,使其加速并保持充分的助跑距离。从头到尾要将机体一致性的加速跟充分的滑行距离当作一个连续动作,是有必要的。还有助跑距离较长时,将能够防止起飞之后的失速,因为它可将其有效转换成飞行时所需的速度,同时也可以使下一个动作——爬升,在执行上更为完美。实训练习机一般都是前三点式的机种,如图2-3所示,只要机体的运动设定都做得正确,就能保持助跑时的直线前进。因为引擎慢速运转时的反扭力以及螺旋桨的气流效应等因素而造成飞机左偏的现象,也几乎都可以忽视。假如发生一点左偏,只要冷静,都可以用方向舵来进行修正。在助跑中巧妙地利用方向舵操作来抑制蛇行,尽可能地保持直线前进是非常重要的一点。

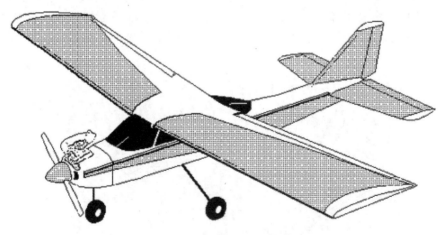

图2-3 "前三点式"机种布局结构图

2.7.2 后三点式的机种起飞操控

后三点式的飞机起飞难度比前三点式的大,这是因为后三点式的飞机主起落架重心位置比较靠前,更容易受到引擎反扭力及螺旋桨的气流效应等因素的影响。后三点式的飞机如图2-4所示。如果是采用大力催油门的方式的话,机体就很有可能会出现在原地打转的情况。

为了防止这种情况的发生,柔顺的油门操控与适当的方向舵操作互相配合是有必要的。在还不熟练的情况下,刚开始将方向舵放在偏右的位置,对应跑道路边的中央,只要让飞机的机首偏右就可以了。还有以初学者的水准来说,要巧妙地控制方向舵是很困难的,首先,在起飞开始的时候轻轻地打点上舵,让尾翼部分来压抑其滑行路线,以维持直线前进,如果此时飞机已明显开始加速时,则必须将升降舵再回到中立点的位置,这样做的目的是减小主翼的迎角,并借以增加飞机的速度。接着让飞机充分加速,到达可以起飞的速度之后,再一次轻轻地升高升降舵,进入爬升的状态。在爬升的时候要记好,保持和缓的角度来进行。大约维持在 $25°\sim30°$ 是标准的上升角度,避免高攻角的爬升是尤其必要的。

图 2-4　"后三点式"机种布局结构图

在轮胎离开滑行路线的瞬间,就与前三点或是后三点的机体无关了,这时会因为引擎的反扭力以及螺旋桨气流效应的影响,而让飞机的左翼倾向于容易出现下降的感觉,因此在有些情况下有必要利用副翼来做修正。保持和缓的角度依直线继续上升,到达一定的安全高度之后,向左或者向右进行 90° 的空中转弯,接着再让升降舵回到中立点,进行水平飞行。以上这些就是完成正确起飞的连续动作。

2.8　转弯基本方法

为什么飞机一起飞就要进行空中转弯呢?因为飞行大致上可以分为起飞、空中转弯和降落三个部分。其中最简单的就是空中转弯,接下来才是起飞和降落。所以当然要从空中转弯开始学起了。

在学习空中转弯之前,先来复习一下遥控器的操作和舵的动作。基本上,初学者使飞机在空中盘旋时所使用的舵有两种:一种是升降舵,一种是副翼。飞机是靠副翼来左右摆动,并由打上舵来维持盘旋的高度。没有副翼的飞机,初学者是用方向舵使机体转弯的。可是,大部分的飞机在打了方向舵之后和机身要进行转弯之前,会有一些时差。也就是说,在你打了方向舵之后,隔了一段时间才会看到机体明显的转弯动作。而就我们飞行上的经验来说,使用方向舵来转弯,虽然机身不至于会掉高度,但是往往转弯半径会很大,使得操纵者有点不太习惯。

2.8.1 操纵飞机转弯的要点

要点:利用副翼使飞机产生坡度,拉升降舵使飞机转弯。在转弯结束时,让升降舵回中,并使机翼恢复水平,如图2-5所示。

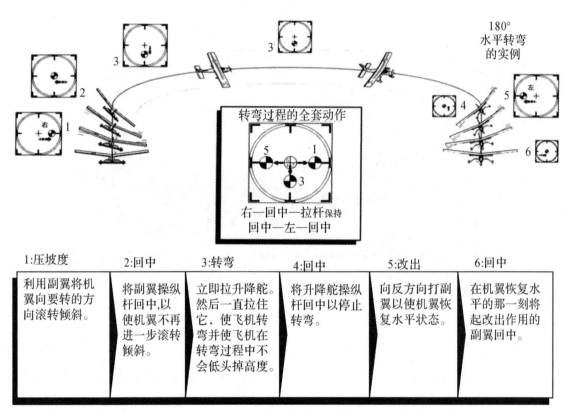

1:压坡度	2:回中	3:转弯	4:回中	5:改出	6:回中
利用副翼将机翼向要转的方向滚转倾斜。	将副翼操纵杆回中,以使机翼不再进一步滚转倾斜。	立即拉升降舵。然后一直拉住它,使飞机转弯并使飞机在转弯过程中不会低头掉高度。	将升降舵操纵杆回中以停止转弯。	向反方向打副翼以使机翼恢复水平状态。	在机翼恢复水平的那一刻将起改出作用的副翼回中。

图2-5 操纵飞机转弯

操作的关键:

转弯半径取决于副翼操作幅度的大小,而不是压副翼时间的长短,正确的操作方法是短暂压一下副翼使机翼达到期望的倾斜度,然后让副翼操作杆回中,否则机翼倾斜度会越来越大,即便拉升降舵,飞机也会急剧地螺旋俯冲。

拉升降舵的幅度取决于机翼的倾斜度,倾斜度越大,拉升降舵的幅度越大,升降舵拉升幅度在转弯过程中尽量保持不变,保持飞机的稳定,这就要求操作杆移动幅度要正确,这个只有在模拟器上多多练习体会。

2.8.2　操纵飞机转弯的基本方法

副翼操纵幅度的大小决定了转弯的急或缓,也决定了到底要拉多少升降舵才能使飞机在转弯过程中保持水平飞行,如图 2 - 6 所示。

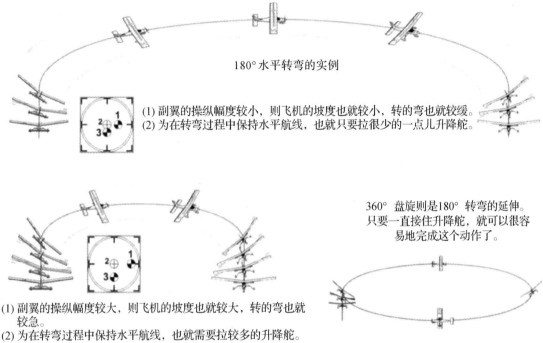

180°水平转弯的实例

(1) 副翼的操纵幅度较小, 则飞机的坡度也就较小, 转的弯也就较缓。
(2) 为在转弯过程中保持水平航线, 也就只要拉很少的一点儿升降舵。

360° 盘旋则是180° 转弯的延伸。只要一直接住升降舵, 就可以很容易地完成这个动作了。

(1) 副翼的操纵幅度较大, 则飞机的坡度也就较大, 转的弯也就较急。
(2) 为在转弯过程中保持水平航线, 也就需要拉较多的升降舵。

图 2 - 6　180°水平转弯

要点:用开始转弯时副翼操纵幅度的"大小",而不是压副翼的时间长短来决定转弯的急缓。

2.8.3　利用"回中"状态作为参照点

如果每次都从回中状态开始,再在两次操纵动作之间回到回中状态,那么就可以形成一个"标志点"。利用这个"标志点",就能够精确地计量出每次操纵幅度的大小。这样,就能更容易地再现那些正确的操纵幅度,也就能更容易地修正那些不正确的操纵幅度了,如图 2 - 7 所示。

要点:利用回中状态作为你每个操纵动作的参考点。这样你就能够更好地计量每一次操纵幅度的大小。

2.8.4　确保每次飞机转弯都能保持"一致"的基本方法

不管左转弯还是右转弯,操纵的"模式"都是完全一样的。在每次转弯结束时,都要使用与压坡度时操纵幅度相同,但方向相反的副翼操纵进行改出,这样就能保证转弯的一致性,如图 2 - 8 所示。

范例A：在某种给定的坡度的情况下，拉升降舵拉得太多就会使
　　　　飞机在转弯时爬升。

范例B：再次重复使用相同的副翼操纵幅度及坡度，只是这次把注意力集中在如何以回
　　　　中状态为起始点，少拉一点儿升降舵。这样，就完成了一个水平的转弯动作。

范例C：如果前几个转弯比你想要的急，那么就以回中状态为起始点，减小
　　　　副翼的操纵幅度。这样，下一个转弯马上就变得和缓了。

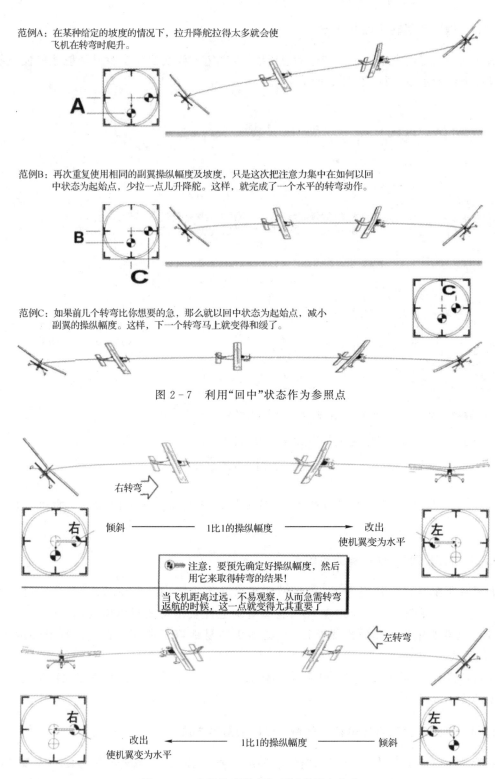

图 2-7　利用"回中"状态作为参照点

图 2-8　飞机转弯保存"一致"的基本方法

2.9　直线飞行与航线调整

在遥控飞行界里常常可以听到"水平直线飞行 3 年"这句话,虽然正确的水平直线飞行看起来很简单,事实上却非常困难。在进行正确的水平直线飞行之前,要暂时先决定水平直线飞行的左右回转的位置,从往返于这两点的飞行开始进行练习。刚开始的阶段常常需要修正舵面。因此在看得到飞机的范围里,左右回转的点的间隔还是宽一点比较好。因此从自己所站的位置来决定,参考附近地面上的目标物来决定回转的位置,并且想象有根柱子立在那里。

水平直线的绕圈飞行里,除了要保持一定的高度跟位置外,特别得注意的是飞机的倾斜。而即使进行直线飞行,在飞机往左或往右的时候,会有一点倾斜而无法保持水平的例子也非常多。以操控者所站的位置来看,飞行高度在 $100\sim150$ m 的低翼机,位于外侧的主翼只可以看到一半的程度,而若是中、高翼机,外侧的主翼将会只看到一点点。你可以利用这项基本的原则来做为判定水平状态的一个标准。另外你也可以让伙伴站在滑行路线的两端,一边飞行一边接受指示增减倾斜度,只要能够掌握住在不同位置所看到的机体形状,就能很快领会正确的水平飞行的重点了。另外,绕圈飞行是在顺风跟逆风中交互进行。在逆风的情况下,飞机的速度(严格来说是相对于地面的速度)会减弱;顺风的话则情况相反。因此,在这里油门的运作就变得很重要。对于水平直线飞行而言,只要油门半开的程度,引擎的马力就足以应付了。正确的水平直线飞行还包含了适当的油门控制,不论是顺风或是逆风,都常保一定的速度是很重要的。在一定的高度跟位置、机体不会倾斜、固定的飞行速度,只要结合这三个要素,勤加练习,就能逐渐掌握直线飞行的技能。

2.9.1　用点碰副翼的方法进行航线调整

可以利用"点碰"(轻触)副翼的动作来进行细微的航线调整及维持直线飞行。与此类似的例子是在我们大多数人刚开始学习开车的时候,我们曾经就为了能保持直线行驶而尽心尽力,但还是手忙脚乱。造成这种窘境的原因就在于我们那时候死死攥住方向盘不放,让它过长时间地处在修正上次误差的位置上(试图把车"开"直)。但是现在,我们却可以完全不费力地沿着直线行驶!在我们改善我们驾驶技术的过程中,我们变得放松而自信。我们仅仅稍微"打"一下方向盘去修正偏差——我们心里很明白,如果"打"一次方向盘还不够,我们只需要再"打"一次,直到回到正确的路线上来就是了。由此可见,只要能够一次次地轻打方向盘,就能保持直线行驶,同时还能减少我们对行驶方向进行修正的次数。不管是为了维持直线航行,还是要进行细微的航线调整,只要利用轻轻"点碰"副翼再放松回到回中状态的动作,都能减轻过量操纵的问题,从而达到非常精确的效果,如图 2-9 所示。

要点:一两个点碰的动作就可以改变航线而还不会掉高度,当然前提条件是不要压住副翼不放。轻轻点碰一下副翼然后马上回中,这样就能产生轻微的倾斜,从而一点一点地对航线进行调整。注意:此时产生的坡度很小,所以飞机在点碰后并不会掉高度。

2.9.2　航线调整的基本方法

在稍微点碰一下副翼后,由此而产生的轻微倾斜和逐渐的"漂移"可能并不能马上显现出来。所以,一定要在回中的位置上稍等一下,等这次操纵的效果产生以后,再看一看是不是真的需要再做一次点碰副翼的动作,如图2-10所示。

要点:在每次点碰副翼后都要等一下。既留出时间让飞机反应,也给自己留出时间来观察这次操纵的效果。

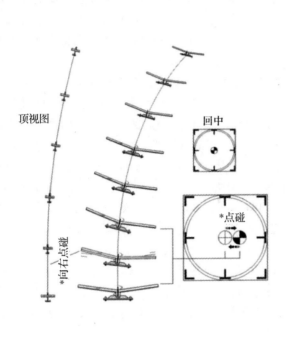

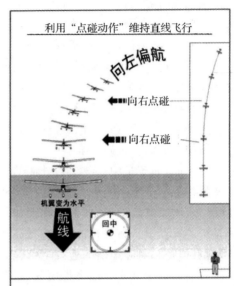

点碰副翼一两次,飞手就能把机翼碰回水平状态,从而保持直线飞行。

图2-9 利用"点碰动作"维持直线飞行

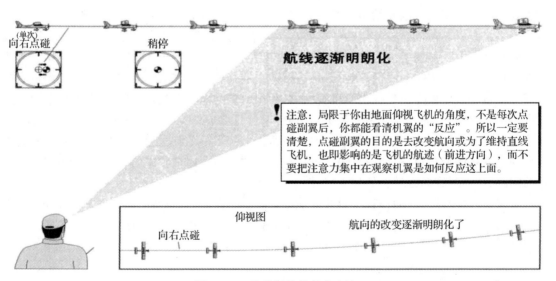

图2-10 航线调整的基本方法

2.9.3　点碰副翼的典型应用

1.点碰副翼定线

当你觉得真有必要做一个轻轻点碰副翼的动作时,再做不迟。举例来说,假设为了修正航线而向右点碰副翼,若此后飞机已进入了预定航线进行飞行,就不必再接着做一次向左的点碰动作了,如图 2-11 所示。

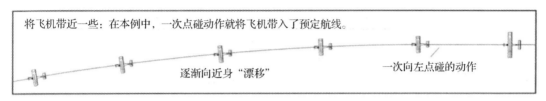

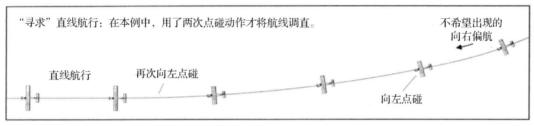

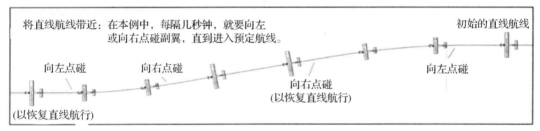

图 2-11　点碰副翼定线

要点:根据观察结果来决定是否需要采用点碰副翼的动作。

2.点碰副翼定向

首先,采用轻轻点碰副翼的动作,然后有意识地回到回中状态。这样做的最大好处是可以增强飞手的自信心,以便能及时地进行必要的操纵。因为飞手清楚地知道,不管在什么情况下,做点碰动作的主动权都掌握在自己手中,而决不会剧烈地改变飞机的航线。

如果每次点碰副翼的动作完成后都能有意识地回中(防止进一步地响应),那么即使做点碰动作时不小心碰错了方向,飞行员也还能有足够的时间进行适当的纠正,而不至于发生意外,如图 2-12 所示。

我们常说的操纵过度现象并不是像大多数人一开始想象的那样,是由使用了过快过大的剧烈操纵动作造成的。这种现象其实是由压住副翼长时间不放造成的——飞手压住操纵杆不放,等着看飞机产生明显的响应。这个时候就最可能造成这种操纵过度的后果了。因此,飞行中如果在每次做完点碰动作的位置上停顿一下,就能够克服这种操纵过度的现象。

在飞机的“飞行姿态”看不清楚时(光线不佳或飞机太远),可以点碰一下副翼。这样就能使飞机有一个明显的变化,让飞行员看清飞机现在的飞行姿态了,如图 2-13 所示。

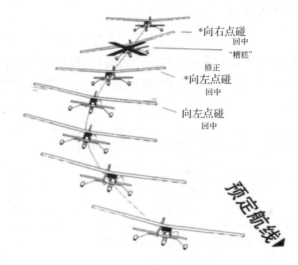

图 2-12　点碰副翼定向

如果搞不清楚当前飞机是正在飞向你，
还是飞离你，可以向左点碰一下副翼，
再马上回中。

飞向你　　　　　　　　　　飞离你

图 2-13　点碰副翼的应用

要点：在拿不准的时候，做一次"点碰副翼"的动作。

2.10　高度控制与油门

在采用实训教练机学习飞行的过程中，应该把油门放到大约1/4的位置，此时飞机的速度才比较理想。用1/4的油门，既可以让飞机有足够的速度保持水平飞行，同时，飞行的速度又能比较慢，让初学者有足够的时间去思考。改变飞行高度的正确方法是：将油门加到比1/4大，飞机就会增速而爬升。若将油门减到比1/4小，飞机就会减速而下降。

在使用1/4油门的情况下，并不是利用升降舵来爬升或下降。如果采用升降舵来爬升，那么，在不加大油门的情况下，飞机在向上爬升的过程中速度会逐渐降低。随着飞机速度的逐渐降低，重力的作用就逐渐变大，使飞机下降。换句话说，飞机的航线就会进入振荡状态，术语叫"开始波状飞行"，如图2-14所示。

要点：新手进行飞行训练时，理想的油门位置在大约1/4处。

图 2-14　用升降舵爬升造成的"波状飞行"

2.10.1　油门使用与飞行高度控制的基本方法

油门使用与飞行高度控制的基本方法分别如图 2-15、图 2-16 所示。

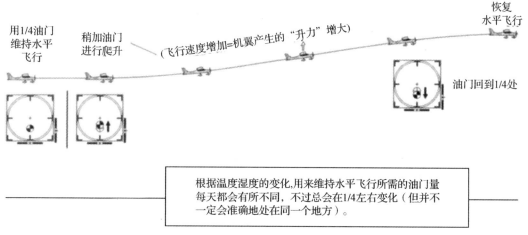

根据温度湿度的变化，用来维持水平飞行所需的油门量每天都会有所不同，不过总会在1/4左右变化（但并不一定会准确地处在同一个地方）。

图 2-15　油门使用的基本方法

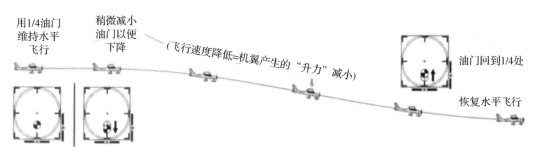

图 2-16　飞机飞行高度控制基本方法

要点：增大油门使其大于 1/4，飞机就会爬升；减小油门使其小于 1/4，飞机就会下降。

2.10.2　飞行改出方案

不能依靠油门来将飞机"拉起"！首先要将飞机从非正常状态飞出来。此后，如果你觉得还需要再爬高回到原有飞行高度的话,就再加大油门,如图 2-17 和图 2-18 所示。

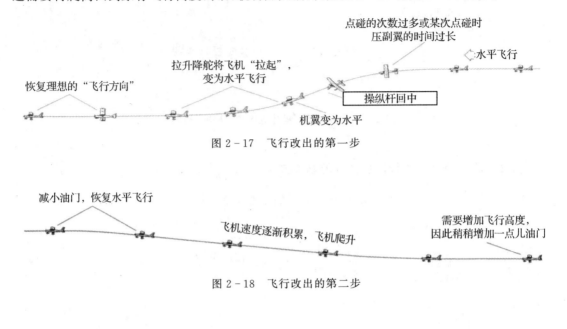

图 2-17　飞行改出的第一步

图 2-18　飞行改出的第二步

2.11　低　空　飞　行

　　低空飞行是初学者学习降落的有效训练法。在学会空中转弯之后,可先练习低空飞行,也就是要学会利用低空飞行进行滑入路线中央的技巧。在这里的低空飞行是练习降落的前半段,当引擎调到中低速域时,将机体保持直线并且从自己的眼前低空飞过,看起来虽然好像很简单,但是一旦握着遥控器的话,却会突然间变得很困难。基本上,飞机的速度减小时,安定性也会降低,因此刚开始就用差不多的速度来试试看。当然并不是一开始就将高度下降,而是一点一点的习惯之后再下降看看。还有,不能使通过你前方的飞机呈现左右摇摆的状态,应尽可能让它保持稳定的直线飞行。

2.12　降　　　落

　　降落是所有初学科目中困难度最高的,即使能够完美地做出空中转弯或者是起飞,想要马上做完美的降落还是很困难的。首先,起飞与降落看起来像是两个相反的动作,但是其环境却有很大的不同。起飞是从跑道上的一点,向着无止境的天空前进。只要风势(并不限于无风状态)或飞行场所的条件(又宽又平坦的场所)好的话,不论向着哪一边滑行起飞都没有问题。其次,一旦飞机到了空中,在适当时机进行转弯后,就可以随心所欲地照着操纵者所想的飞行,只要没有特别的情况,对于整个飞行路线并没有严格的限制。

　　降落则必须要先让飞机进入滑行的路线,再降落到预定的位置上。即使平安着陆之后,在没有让飞机减速到完全停止之前,还是不能够掉以轻心的。

　　结束了最后飞行路线,先让飞机切入滑行路线的中央之后,就要开始最后的空中转弯了,将飞机导入逆风航线,减小油门,并保持住方向,轻轻降落。

2.13　总　　结

本章为固定翼飞机地面理论教学部分,主要介绍了固定翼常见的气动布局,以及固定翼飞机在转弯过程中副翼与升降舵的正确用法;介绍了副翼操纵幅度的不同和飞机坡度的不同是如何影响转弯半径的,同时还介绍了需要拉多少升降舵才能保证机头不致下沉,保持转弯时的飞行高度;分析了操纵杆的回中位置是如何有效地提供了一个参照点以保证每次左右转弯都能获得正确的操纵幅度。

2.14　项 目 实 训

本章的实训飞行我们先模拟器的实际操作,在地面上模拟飞行,包括各种内部和外部环境条件,可以安全而且降低飞行员培训成本,先在地面上练熟了再上天。具体如下:

(1)模拟飞机三个自由度的运动,包括俯仰、(左倾右倾)滚转、垂直升降运动。

(2)模拟飞机各种飞行条件的变化引起的运动,如大气扰动和武器发射等。

(3)模拟着陆接地姿态和碰撞以及使用刹车时出现的运动。

(4)模拟在接近真实飞机频率处的振动和抖振以及大气紊流在对应自由度上引起的抖振。

2.15　课 后 习 题

1.简述固定翼飞机飞行原理。

2.简述固定翼飞机飞行方法和注意事项。

3.简述固定翼飞机操纵飞机转弯的基本方法。

4.固定翼飞机油门使用与飞行高度控制的基本方法有哪些?

第3章 改善固定翼飞机的飞行性能

3.1 课前预习

📖 **在书上找到答案**

(1)什么是反向偏航?

(2)副翼与方向舵联动如何实现?

(3)副翼方向舵联动相对于传统控制具有哪些突出优点?

(4)增厚操纵面具有哪些优点?

3.2 概　　述

在进行固定翼无人机飞行时常常会出现"反向偏航"这一现象。顾名思义,反向偏航就是向与直觉相反的方向偏航。本章主要介绍如何通过让方向舵与副翼"联动"来消除反向偏航。

本章所讲内容:

(1) 产生反向偏航的因素。

(2) 副翼、方向舵如何消除反向偏航。

(3) 副翼、方向舵联动连接方法与温控设置方法。

(4) 增厚操纵面,消除湍流。

3.3 反 向 偏 航

反向偏航是飞机需要配备方向舵的原因。飞机向右侧倾斜时,左副翼在放下的状态,会使左翼上升,放下的副翼提高了左翼的升力,却也同时提高了阻力,飞机右转弯时,左翼的副翼会放下来,提高该翼升力,因此机翼会抬头;不过,相对提高的阻力,也会将左翼稍稍往后方拉拽,这会让飞机在向右侧倾斜的同时,机头被朝着反方向(左侧)拉拽(偏航),我们将这一现象称之为反向偏航,如图3-1所示。

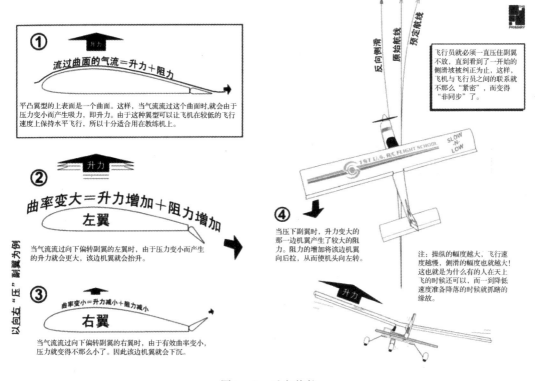

图 3-1 反向偏航

一架具有平凸翼型机翼的飞机,在副翼偏转时必然会造成向相反方向的偏航或"侧滑"。

减小固定翼飞机反向偏航影响的方法一般有下述几种:

(1)提高飞行速度。

(2)减小机翼的上反角。这样,在以降低飞机的稳定性为代价的同时,可以提高它的灵活性。

(3)采用差动副翼。

(4)加强练习,通过精准操控消除反向偏航。

3.4 副翼、方向舵联动消除反向偏航

纠正反向偏航的正确方法是使用方向舵。让方向舵与副翼一起向同样的方向偏转,就可以在操纵副翼的时候防止侧滑了。更为重要的是,在消除反向偏航以后,飞机对操纵的反应就会变得更为及时,飞行员的意识与飞机的动作也就会变得更为步调一致了!如图 3-2 所示。

通常利用一根 Y 线("Y"形分岔线)使方向舵与副翼"联动"起来,从而自动地使转弯及改出动作协调平滑。在操纵副翼的时候,方向舵使上抬的那边机翼不再向后"拖"。现在有很多种遥控发射机都设计有能将方向舵与副翼的操纵信号"混合"起来的电路(方向舵-副翼混控功能)。你只需拨动一下开关或按几下按钮即可启动该项功能。

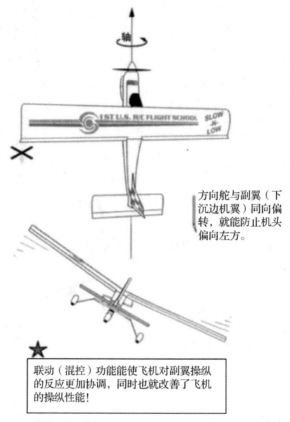

轴

方向舵与副翼（下
沉边机翼）同向偏
转，就能防止机头
偏向左方。

★
联动（混控）功能能使飞机对副翼操纵
的反应更加协调，同时也就改善了飞机
的操纵性能！

图 3-2　副翼、方向舵联动消除反向偏航

要点：方向舵不是用来让飞机转弯的！方向舵只是用来让上抬的那边机翼不再向后拖！

3.5　副翼、方向舵"联动"的连接方法

第一步：按照要求，安装好各操纵面，然后进行对中，并调整好其偏移量（行程）。

第二步：将副翼和方向舵连线从接收机上拔下。在副翼通道上连一根"Y"线或一个"双舵机"连接线。再把副翼和方向舵的舵机连到那两个多出来的插座上，如图 3-3 所示。

要点：先根据说明书调整好操纵面的"行程"，然后再连接 Y 线。

3.6　副翼、方向舵"混控"的设置方法

副翼、方向舵"混控"的设置方法如图 3-4 所示。

要点：只要副翼与方向舵联动时偏转方向正确，对于一架教练机而言，怎么设置都不太可能出大问题的。

如果方向舵的偏转方向与向上偏转的副翼方向不一致，你可以将副翼推杆交叉连接，让副

翼反向偏转,如图 3-5 所示。这种方法通常比同时改变方向舵与前轮的偏转方向要来得容易一些(在两个操纵面能够正确地协同动作之后,要重新确认动作方向是否正确,并需要重新对中)。如果使用的是发射机的"混控功能",那么只需要拨动一下开关,或是按几下按钮即可改变其中任一个舵机的偏转方向了。

要点:方向舵的行程(偏转)与副翼的行程(偏转)相同,指得是偏转角度相同。

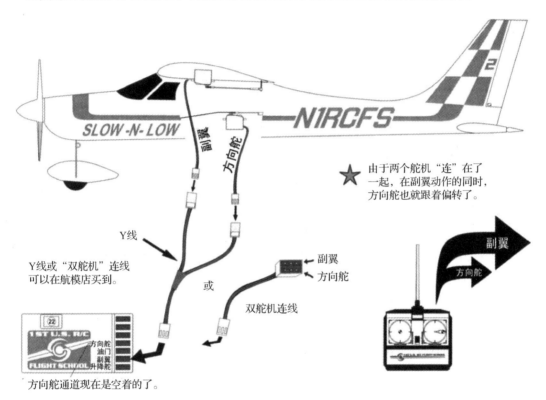

图 3-3 副翼、方向舵"联动"的连接方法

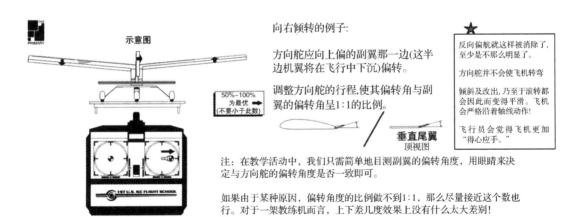

图 3-4 副翼、方向舵"混控"的设置方法

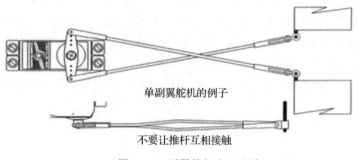

单副翼舵机的例子

不要让推杆互相接触

图 3-5 副翼推杆交叉连接

3.7 副翼、方向舵联动特性分析

3.7.1 副翼、方向舵联动对地面滑行转弯的影响

飞机在地面上滑行时,速度还不够快。此时副翼的作用还不明显,因此机翼也就不会产生一边上抬现象。在起飞离地的时候,飞机的速度已经积累起来。此时在地面上的修正动作也就变得有效得多。因此,这个时候的修正动作也就相应地要精细得多,从而所要求的副翼偏转动作自然也就会非常小。只要飞机还在地面上,机翼的姿态也就不会受到影响。

实际上,副翼由于联动所产生的偏转还能够防止地面滑行时由于操纵过量而造成的飞机倾覆!

3.7.2 侧风的情况下副翼、方向舵联动的优点

在有风特别是侧风的情况下不用再特意地去抵消风的影响,而只需去驾驶整架飞机,把它当作一个整体来操纵即可。

一般而言,风中飞行的难点就在于风能将原本较小的偏差放大,并使纠正过程变得迟缓。采用副翼、方向舵联动后,操纵就能更加精确,同时也就能赶在飞机受风的影响显露之前及时进行纠正。

在侧风飞行的时候,整架飞机应该被当作一个整体来进行操纵。不管风是怎样刮的,你只要把飞机当作一个整体,操纵这个整体,使之沿某个飞行轨迹向你的目的地飞即可。而此时飞机的夹角(侧向移动)则无关紧要。如果着陆时,由于侧风的影响,飞机向侧向移动,在大多数情况下,此时飞机都会在接地的前一瞬间自动取直。即便在接地的时候还有侧向移动,飞机也会在滑行时自动选择阻力最小的路径,从而在接地后自动取直。

3.7.3 副翼、方向舵联动的局限性

采用副翼、方向舵联动的飞机不能完成某些高级动作。比如:飞机不能完成侧滑动作(利用交叉操纵而完成的一种非常独特的侧滑动作,该动作需要非常高的飞行技术),飞机不能保持在侧飞飞行状态,部分 3D 特技飞行动作也会受到限制。

3.7.4　非副翼、方向舵联动操控方式

对于竞技型飞机而言,操纵方法并无变化。对于教练机而言,则需要加大操纵的幅度。

在学会单飞以后,随着对飞机的操纵感觉越来越好,大多数人都会逐渐建立起信心,再飞一架非平凸翼型飞机。由于这些飞机不会产生反向偏航现象,自然也就不再需要副翼-方向舵联动的功能了。因此,操纵方法也就没有什么变化,或者说变化不大了。要说有所区别的话,那也就只剩下在地面上滑行时,要用左操纵杆来操纵转弯这一点变化了。

如果是一架没有采用联动功能的平凸翼型飞机,你还可以照原样操纵,只是必须要大幅度地加大操纵幅度才能克服反应模糊的问题,但是如果你养成了这种操纵时大幅度动作的坏毛病的话,将来飞竞技型飞机的时候就会十分不利了。针对这一问题我们在飞平凸翼型飞机时,可以同时操纵两个操纵杆,让方向舵与副翼按 1:1 的比例协同动作,但是将来飞竞技型飞机的时候,就不能再使用这个方法了。

3.8　增厚操纵面消除湍流

3.8.1　湍流分析

当气流流过机翼与尾翼时,就会产生摩擦阻力。表面摩擦阻力会扰乱表面附近的气流,产生湍流,如图 3-6 所示。气流流经表面的距离越长,湍流区的扰动就越大。当操纵面回中时,表面摩擦阻力所产生的湍流将整个操纵面都包住了!

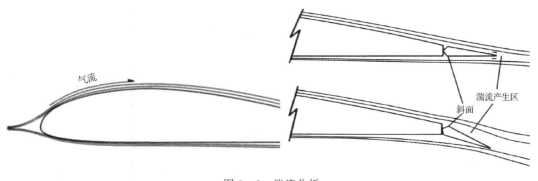

气流

湍流产生区

斜面

图 3-6　湍流分析

以副翼为例:当副翼偏转较小,即操纵杆的动作幅度较小时,飞机几乎不会有什么反应。即使有反应,反应也比较"迟钝"。为了获得有效的操纵,飞手的操纵幅度就得加大,以使操纵面偏转到较平稳的气流中去。如果采用的是传统的那种带有"斜面前缘"的操纵面,那么当气流流经操纵面上斜面前缘的尖角时,湍流就会进一步加剧。

由于在低速时湍流区的扰流现象会进一步加剧,所以,当采用这种传统形式的操纵面时,一个最显著的现象就是随着飞机航速的变化——忽快忽慢,飞机的反应"灵敏程度"也变得忽强忽弱,这样就会干扰飞行员的思维,使之不能完全准确地预测操纵动作与飞机响应之间的关系。同时,表面摩擦阻力造成的湍流与斜面前缘加大了操纵面"失灵"的可能性。

3.8.2 "略厚"的操纵面对飞行性能的影响

机翼或尾翼表面的上方稍远一点儿的地方,气流就会相对顺畅平稳,更有层次。在采用了略厚一点儿的操纵面后,副翼、升降舵以及方向舵的"物理表面"就能接触到顺畅的气流了。采用半圆前缘的操纵面,其与气流接触的外轮廓较为平滑,从而使流过的气流更为顺畅,如图3-7所示。

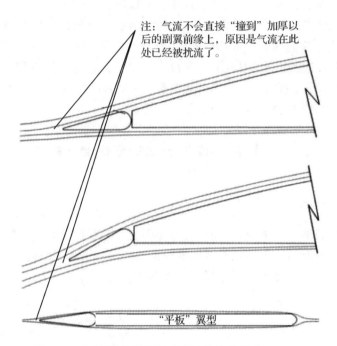

注:气流不会直接"撞到"加厚以后的副翼前缘上,原因是气流在此处已经被扰流了。

"平板"翼型

图3-7 "略厚"的操纵面对飞行性能的影响

采用加厚的具有半圆前缘的操纵面的主要好处有:

(1)可以改善飞行员与飞机的互动性。这样,飞机的反应幅度就能更紧密地对应操纵杆操纵幅度,特别是对于那些精细的小幅操纵而言更是如此。

(2)可以扩展飞机的"飞行包络线"。每架飞机的最低可控航速就可以因此而得到进一步的降低。飞机的反应更加可控。这一点在有风的情况下或在低空飞行时尤其重要。大幅度减小了"舵面抖动"发生的概率,而没有必要把操纵面与翼面之间的夹缝封上。

注:40级至60级的模型,副翼、升降舵及方向舵每面加厚约1/16″(1.6 mm),总共约加厚3/32″(2.4 mm)~1/8″(3.2 mm)即可。

3.9 总 结

本章介绍了一个重要因素——表面摩擦阻力,并介绍了在流过机翼、尾翼及操纵面的表面时受表面摩擦阻力的影响而产生的扰流现象,还讨论了传统的那种将操纵面前缘制成"斜面"的方法是如何地加剧了这种扰流现象的。

　　当操纵面完全被扰流包围时,操纵就会变得迟缓,而这是我们不希望在初学者的教学训练中发生的,原因是这时大部分的飞行都是在低速下进行的,此时实际要求的操纵幅度相对而言就更需要大一些(特别是为了在有风的情况下仍能进行有效的训练,就更得要求修正动作能迅速有效)。

　　针对这一问题我们通常采用使用副翼与升降舵联动的方法,或采用带有圆滑前缘的"略厚"的操纵面,来提高飞机的操纵性和稳定性。

3.10　项 目 实 训

　　(1)结合教学的无人机实机部分分解,分析部件在飞行时的气动力学实现。
　　(2)组装飞机,连接控制和伺服机系统,优化连接系统,确保传动的安全精确。
　　(3)结合实体无人机舵面的混控原理,熟悉控制系统。

3.11　课 后 习 题

　　1.固定翼无人机反向偏航你是怎样理解的?
　　2.固定翼无人机副翼、方向舵联动优点有哪些?
　　3.简述副翼、方向舵"混控"的设置方法。
　　4.湍流现象对操纵面飞行的影响有哪些?

第4章 固定翼飞机飞行训练

4.1 课前预习

📖 在书上找到答案

(1)为实现精确操纵动作的幅度大小,正确的对应的指法是什么?

(2)如何正确把握操纵动作的节奏与幅度?

(3)点碰副翼的操作方法与要点有哪些?

(4)程序转弯的基本步骤是什么?

4.2 概 述

如果你去观察一些飞手飞飞机的话,你可以根据他们每次着陆是否都很完美来找出究竟谁是熟手,你可能就会注意到,他们在操纵飞机的时候看上去十分闲逸,但是飞机却飞得中规中矩,动作绝不走形。这其中的原因就是他们对于飞机的基本操纵已经变得"自然而然"了。这些熟手在飞行的大部分时间里都在想下一步该做什么,下一步该往哪儿飞,他们的思维总是"走在了飞机动作的前面",而不是对飞机的状态做被动的反应。溯本求源,"自然而然"以及"思维走在飞机动作的前面",这些都不是靠眼明手快或是说建立了什么生理反射而形成的,换句话说,只要是有了一个正确的教学系统并从一开始就把精力放在如何培养一个固定的操纵模式上,那么其实每一个人都是能被训练成为一个合格的遥控模型飞机的飞行员的!

本章为固定翼无人机实训教学环节,以掌握固定翼单飞技术为教学目标,首先通过教练辅助练习,形成一个进行转弯及直线飞行的固定的操纵模式;然后将形成的这一转弯及直线飞行的固定操纵模式用于完成预定的飞行航线;最后以单飞练习为主,单飞的内容包括起飞和起飞以后进行的180°转弯,以及平行于跑道和对齐跑道方向的直线飞行,最终以着陆动作作为结束。

本章所讲内容:

(1)精确适度的操纵动作基本指法与节奏把控。

(2)点碰的操作方法与动作要点。

(3)程序转弯的基本步骤。

(4)实际飞行中的操纵重点。

4.3　实训教学阶段

对一位新手而言,单飞的过程一般包括一次起飞 10 s,一两次热身着陆航线和若干次低空通过,6～7 min 的直线航行及 1～2 min 的转弯过程,还有一次着陆 15 s。

单飞:75% 的直线飞行,20% 的转弯动作,3% 的着陆动作,2% 的起飞动作。

要点:转弯,尤其是直线飞行,构成了单飞过程的主要部分。

单飞的实训教学阶段如图 4-1 和图 4-2 所示。

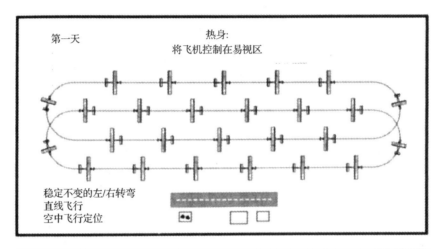

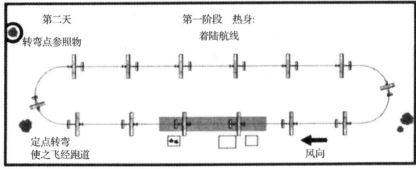

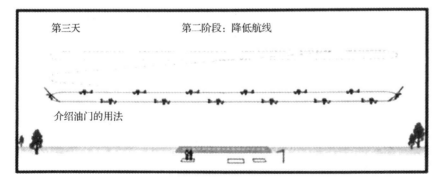

图 4-1　实训教学阶段(一)

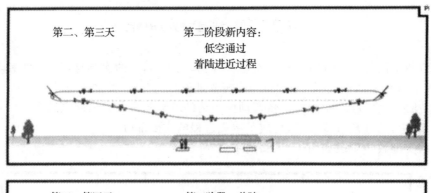

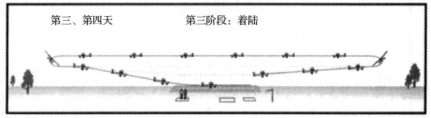

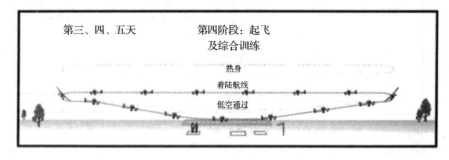

图 4-2　实训教学阶段（二）

4.4　精确适度的操纵动作

4.4.1　基本指法

为了能更精确地感觉到你操纵动作的幅度，并能更平稳地进行操纵，要把拇指的指肚放在操纵杆的杆顶上。再用食指的指尖扶在操纵杆的侧面靠近拇指的地方，以起到稳定的作用，如图 4-3 所示。

操纵过程中应该用拇指来进行操纵（移动操纵杆），同时用食指来扶着大拇指，起到稳定操纵杆的作用。

大家可以通过试验来观察：先是只移动大拇指。这时你会发现手指的移动速度必然会比较快。要想让动作慢下来，你就必须尽自己的努力才行。下面，你再用食指扶着拇指来试一试。此时你会发现手指的移动速度自然

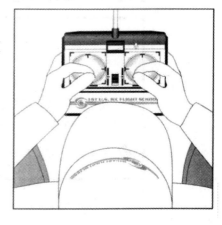

图 4-3　指法控制

就会慢下来,不再那么敏感,移动也更加顺畅了。

　　要点:应将拇指指肚置于操纵杆杆顶上,将食指指尖置于操纵杆侧面以起到稳定的作用,使操纵更精确,如图 4 - 4 所示。

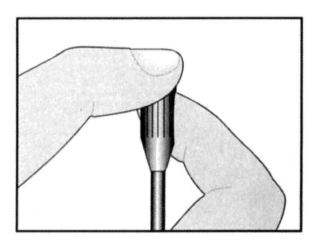

图 4 - 4　拇指控杆

4.4.2　控制操纵动作的节奏与幅度把控

　　在飞行过程中大家经常会遇到一个共同的问题:不能很好地把握操纵动作的节奏与幅度,使飞行变得困难。造成这一问题的原因主要是平时"大撒把",所谓"大撒把"即不握着操纵杆,需要时再"仓促"地去攥操纵杆。这样就根本不可能去控制操纵动作的节奏和幅度了。所以,一定要始终把你的拇指和食指放在操纵杆上。

　　是不是把两个手指始终都放在操纵杆上,其结果是有着天壤之别的。如果不这样做,你最多只是做出了动作而已。而如果能做到这一点的话,你就能控制操纵动作的"质量"。换句话说,你就能够很好地控制你的操纵。

　　要把你的拇指始终放在操纵杆的杆顶以控制操纵动作。还要始终把你的食指放在操纵杆的侧面,以起到稳定的作用。为了进一步改善在操纵动作、回中过程中的"感觉"反馈,并为了防止在进行某项操纵的时候一不小心误动了别的什么,强烈建议你阅读遥控设备的用户手册,然后按照手册的说明将遥控器操纵杆的复位回弹力加到最大。

　　要点:要始终把拇指和食指放在操纵杆上,当然,在对飞机进行调校的时候除外。

4.5　操　纵　动　作

4.5.1　"点碰"副翼操纵方法

　　在着陆的最后一段过程中,点碰动作是最重要,也是最不怕犯错误的一种操纵方法了。此时飞行高度较低,而在进近过程中能直线对准跑道却是非常重要的。只有完全对准了跑道,才能轻松完美地完成好着陆动作。

方法：将副翼稍稍地压向一方,压的过程要平稳 ,然后再平稳地回中,如图 4 - 5 所示。在操作过程中不要压住副翼不放。点碰的幅度只需用到操纵杆全程幅度的一半儿即可。点碰动作的节奏与默念"压—回"的节奏一致。

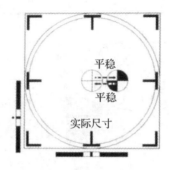

图 4 - 5 "点碰"副翼操纵方法

4.5.2 点碰动作要点

(1)由于操纵的幅度较小,点碰的过程与回中的过程都要比较平稳,这样,飞机就会有足够的时间来对操纵进行反应,如果这种小幅的点碰进行得太快的话,飞机就没有足够的时间进行反应,如图 4 - 6 所示。

(2)小幅地点碰副翼只会对机翼的状态产生轻微的影响。这样,航线的调整就比较平缓。在这过程中飞机也不会掉高度,因此,在用点碰调整航线的过程中就不需要拉升降舵。

(3)一次只做一下点碰的动作。由于点碰的作用比较轻微,因此飞行员一定要在每次点碰后略等一下,看一看效果,看一看是不是真的需要再做一次点碰的动作。

(4)如果对飞机姿态不清楚,可以做一次点碰动作,即"改变"一下飞机的姿态以便看得更清楚一些。

(5)如果一次不够,就要分开做两次点碰的动作。千万不要压住副翼不放!

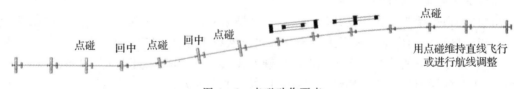

图 4 - 6 点碰动作要点

4.6 程 序 转 弯

程序转弯最早是用在空军飞行训练中的。其目的是在飞行员中"事先"建立一个相互之间的约定,以形成一套程序化的动作从而便于互相理解。这样,每一位飞行员就都要按照约定好的程序化的步骤去进行转弯动作。这样,也就都能根据这套程序化的转弯步骤来预测其它飞机的行动规律了。这和我们的目标是完全一致的,都是为了能够得到一个可预测的转弯结果而去执行一套"预定"的转弯操纵动作。

4.6.1　第一步:操纵副翼压坡度

方法:向你要转的方向平稳地压副翼使机翼产生倾斜(坡度)。压副翼动作的节奏与默念"压副翼"的节奏一致。压副翼动作做完以后,迅速地回中。在操纵过程中切记不要压住副翼不放,通常造成压住副翼不放,争取做到平稳地压副翼,快速地回中,如图 4-7 所示。

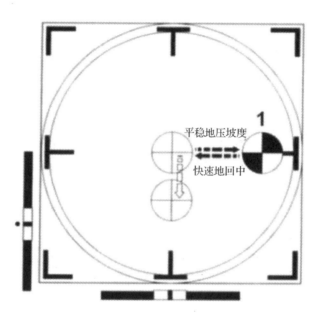

图 4-7　"第一步"操纵副翼压坡度

压副翼动作要点:

(1)压副翼的动作要平稳,幅度也要相对较大。这样才能产生足够的坡度以保证完成整个的转弯动作,要让操纵一次到位。

(2)用开始转弯时副翼操纵幅度的"大小",而不是压副翼的时间长短,来决定转弯的急缓。利用回中状态作为每个操纵动作的参考点,这样就能够更好地计量每一次操纵幅度的大小。目标是要"找出压副翼的最佳操纵节奏和幅度",以保证每次都能产生最合适的坡度,如图4-8所示。

图 4-8　压副翼动作要点

(3)回中的动作速度要"快"。这样才能赶在飞机掉高度之前及时地去做下一步操纵动作——拉升降舵。

要点：程序转弯的第一步压副翼的动作要做得平稳,但是回中的动作速度则要快。

4.6.2 "第二步"拉升降舵进行水平转弯

方法：自回中的位置迅速地拉一点儿升降舵,并在整个转弯过程中始终拉住它。要在压副翼的动作结束,副翼回中以后立即开始这个动作,不要有任何延误,如图4-9所示。

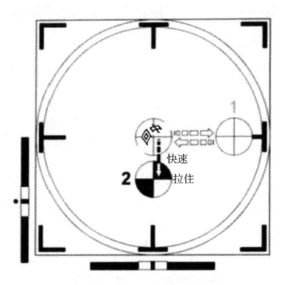

图4-9 拉升降舵进行水平转弯

拉升降舵动作要点：

(1)在压坡度的动作结束,副翼回中以后,要立即迅速地拉升降舵。只有这样,才能赶在飞机掉高度之前进入转弯。

(2)训练目标是根据每次相同的坡度找到从回中的位置拉升降舵的正确幅度。

(3)在拉升降舵之前一定要先"感觉到回中状态"。只有这样,才能保证操纵中只动升降舵。

(4)在进入转弯的过程中,正确的"程序"是立即迅速地拉升降舵,并马上就要达到所需的那个小幅升降舵操纵幅度。如果一开始的操纵幅度不能让飞机在转弯过程中保持水平飞行的话,还需要对升降舵操纵幅度进行"细微的调整",如图4-10所示。

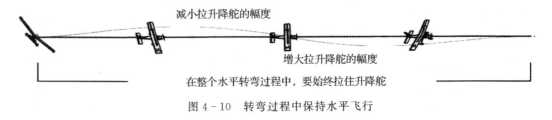

图4-10 转弯过程中保持水平飞行

要点：在一开始压副翼的动作做完,副翼回中以后,要立即拉升降舵,进入转弯过程。

在拉升降舵时我们需要调整拉升降舵的幅度,确保转弯水平飞行,努力做到"心中有数,适时调整"。在转弯过程中,在做每一个操纵动作之前,都要做到心中有数。然后再根据你的观察结果来进行适时的调整,如图 4 - 11 所示。

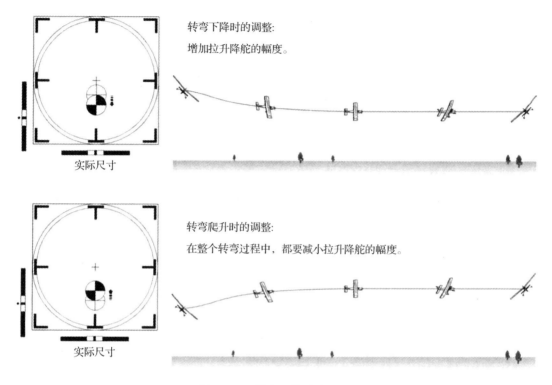

转弯下降时的调整:

增加拉升降舵的幅度。

转弯爬升时的调整:

在整个转弯过程中,都要减小拉升降舵的幅度。

实际尺寸

图 4 - 11　转弯要拉升降舵配合

4.6.3　第三步:压副翼改出

方法:迅速地将拉住的升降舵回中,然后向与转弯方向(也即原有坡度方向)相反的方向平稳地压副翼。为了改出而向相反方向压副翼的动作节奏和幅度应该与开始压坡度时的动作节奏和幅度完全相同。应该以 1:1 的幅度平稳地压副翼。然后在机翼回到水平状态的那一瞬间迅速地回中,如图 4 - 12 所示。

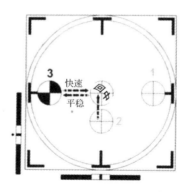

图 4 - 12　压副翼改出

以转弯改出为例:拉着的升降舵回中—向左平稳地压副翼—迅速回中。

压副翼改出动作要点:

(1)首先,让拉着的升降舵(正起着让飞机转弯的作用)回中。这样飞机就会从以转弯中心为轴的转向中彻底地改出,飞向预定的"航向"。以相同的幅度但是相反的方向压副翼进行改出,使机翼变为水平,会使飞机此后继续沿着这个航向飞行。

(2)拉着的升降舵一定要在压副翼将机翼改回水平的前一瞬间回中。

要点:以和初始压坡度时相同的操纵幅度、相反的方向压副翼进行改出。压副翼时要平稳,回中时则要迅速,如图4-13所示。

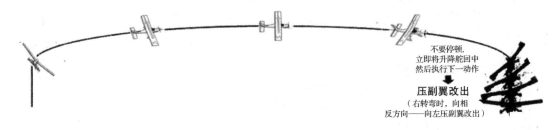

不要停顿,
立即将升降舵回中
然后执行下一动作
压副翼改出
(右转弯时,向相
反方向——向左压副翼改出)

图4-13 压副翼时要平稳

4.6.4 全套程序转弯动作解析

以右转弯为例。

第一步:操纵副翼压坡度。平稳地向右压坡度,迅速回中。

第二步:拉升降舵。迅速拉升降舵(但幅度不要太大),保持住。

第三步:压副翼改出。迅速地将拉住的升降舵回中,平稳地向左压副翼,迅速地回中,如图4-14所示。

要点:全套程序转弯动作共包括三步操纵,其中每两步操纵的中间都要短暂回中,如图4-15所示。

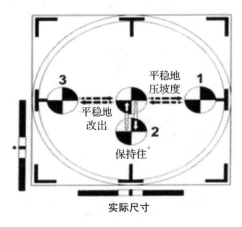

实际尺寸

图4-14 压杆方法

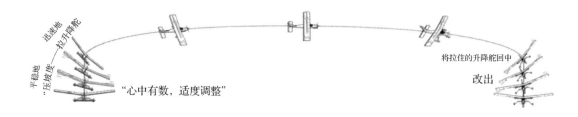

图 4 - 15 全套程序转弯动作解析

4.6.5 程序转弯动作的"复入"

方法：在拉住升降舵的同时,向转弯方向点碰副翼,然后回到只拉升降舵的状态,并在转弯过程中根据需要调整拉升降舵的幅度,如图 4 - 16 所示。

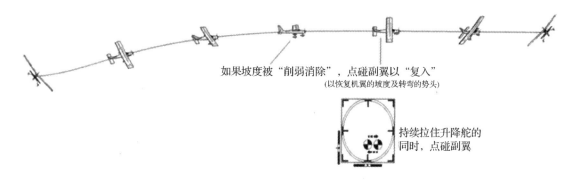

图 4 - 16 点碰副翼以复入转弯过程的动作

"拉住升降舵的同时点碰副翼"点碰副翼以复入转弯过程的动作要点：

(1)如果在转弯过程中,机翼的坡度被"削弱消除"了,则可以向转弯方向做一个点碰副翼的动作以重新建立转弯所需的坡度。此外,当你有意减小转弯半径的时候,也可以利用同样的动作来稍微加大一点儿机翼的倾斜程度。

(2)机翼的坡度,也即转弯的势头,被削弱消除的原因是多种多样的,所以不是每次都能事先知道究竟要不要做一次复入的动作。要根据你的观察,来决定是否需要做一次复入的动作。

要点：为了复建机翼的坡度,恢复转弯的势头,就要在拉住升降舵的同时,点碰副翼,以复入转弯过程。

4.7 首飞的默想练习

手里拿好遥控器,想象你前面有一架飞机受你的控制在飞,以此进行练习。除图 4 - 17 所示的"左手"航线练习外,还要默想练习由右转弯构成的"右手"航线。当这些练习形成套路,变得程式化,能够顺利地做好每一个程序转弯动作了,你就不单是做好了飞行训练的准备工作,而且还能充分保证你的第一次飞行就能顺利完成,从而建立自信。

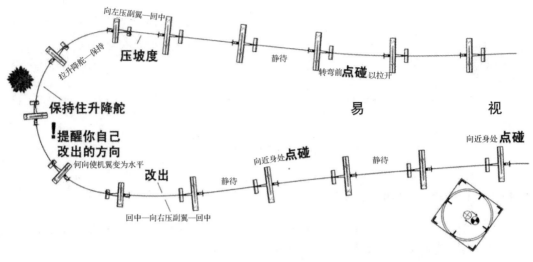

图 4-17 首飞的默想练习图

要点:在飞行前通过默想,进行训练,练习程序转弯动作。这样可以取得自信,确保成功。

4.8 首飞的默想练习实例

默想练习实例的操纵杆动作如图 4-18 所示,飞行实例如图 4-19 所示。

要点:在默想练习中,左手航线和右手航线都要练习。同时还要有调整升降舵幅度和转弯复入的内容。

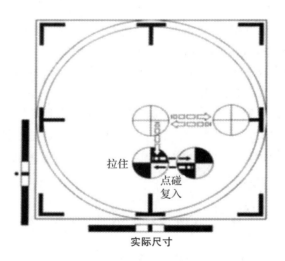

图 4-18 默想练习实例的操纵杆动作图

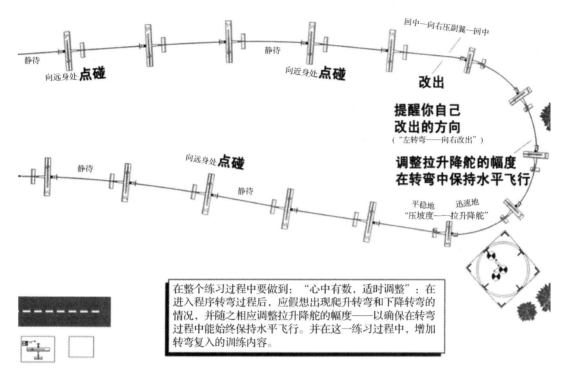

图 4-19　首飞的默想练习飞行实例

4.9　"实际飞行"中的操纵训练重点

"实际飞行"中的操纵训练重点如图 4-20 所示。

4.10　总　　结

本章为固定翼无人机实训教学环节,以掌握固定翼单飞技术为教学目标。首先通过教练辅助练习,形成一个进行转弯及直线飞行的固定的操纵模式;然后将形成的这一转弯及直线飞行的固定操纵模式用于完成预定的飞行航线;最后以单飞练习为主,单飞的内容包括起飞和起飞以后进行的 180°转弯,以及平行于跑道和对齐跑道方向的直线飞行,最终以着陆动作作为结束。

4.11　项 目 实 训

(1)在理论课时我们会在课时期间进行飞机分节飞行练习,第一步介绍飞机飞行场的飞行规范和要求。

(2)第二步,在外飞行场地进行飞机控制的空中换操纵手(这个过程中起飞和降落由老师负责),使学生感知到飞机的空间三维姿态,熟悉上空飞机直线飞、转弯的特点和手感。

（3）针对飞机所在地理环境遇到的场地方向、周围山水、树木和风向的影响,体会操纵手在操控中应变能力。

（4）要在实际飞机前多多做默想练习,结合模拟器出现的各种情况反馈到默想练习。

（5）建立"五边"航线标准飞概念并熟悉它。

图 4-20 "实际飞行"中的操纵训练重点

4.12 课 后 习 题

1.阐述操作动作"点碰"副翼操纵方法。

2."点碰"副翼操纵要点有哪些?

3.阐述全套"程序转弯"动作。

4.怎样理解精确适度的操纵动作基本指法与节奏把控?

第5章 固定翼教练机制作

5.1 课前预习

📖 **在书上找到答案**

(1) 机身、机头及座舱部位卷曲的办法是什么?

(2) 上下机翼面合并粘贴防止机翼扭曲变形方法是什么?

(3) 电动机、电调和两副翼连线的方法是什么?

(4) 舵角和舵机摇臂固定的一般方法是什么?

(5) 起落架成型和固定的方法是什么?

(6) 水平尾翼和垂直尾翼前后边缘粘接方法是什么?

5.2 概　述

本章学习固定翼飞机的结构和制作。飞机由机身、机翼、水平尾翼、垂直尾翼、动力系统和连通舵机组成。在制作过程中,注意机翼和水平尾翼安装角的控制。安装角的正确与否,关系到飞机在空中的姿态能否有效地操控,如果因安装角误差大到连各舵面都无法调整时,后果就非常严重了,甚至会摔机。机翼和水平尾翼的安装角都是以飞机的拉力轴线为基准的,这架飞机的拉力轴线比较好找,这条线就是飞机计设图基础轴——"纵轴"Y轴(贯穿飞机的重心由机鼻至机尾的轴线)的平行线,把 Y 轴平移到发动机的曲轴线的位置,就是这架飞机的拉力轴线。机身骨架做完后,在安装机翼和水平尾翼时,把它们的中心线和拉力轴线平行等理论相结合,确保制作出安全、稳定的飞机。

本章所讲内容:

(1)学会制作飞机工作图。

(2)根据飞行理论的要求制作机翼、尾翼。

(3)根据结构要求完成机身的制作。

(4)完成动力系统的装配。

（5）完成整机的装配。

（6）深入了解飞行空气动力学。

5.3　前　期　处　理

5.3.1　图纸处理

首先在电脑上用 Photoshop 图像处理软件设计好图纸，如图 5-1 所示，并处理出自己喜爱的涂装方案。图纸的尺寸一般根据 KT 板的宽度设计成 90 cm 高。若按图 5-1 方式摆放零件，图纸为 142 cm，飞机的翼展为 1.3 m。设计好的图纸需先用打印机打印一份，用普通厚纸制作一个纸模型以验证图纸的精度，并根据制作的纸模型对图纸做进一步的修改。在处理图纸的过程中需要注意图纸应该标注出班级、小组成员等信息，为后期专机专用做准备。

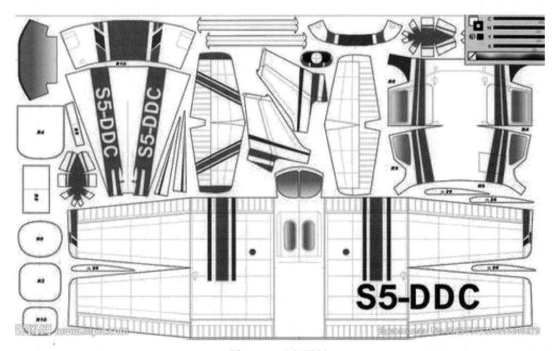

图 5-1　飞机图纸

5.3.2　KT 写真膜与 KT 板的粘贴

KT 写真膜有三层，最上面是防水层，中间是图案层，背面有背胶与薄膜层，将背面薄膜撕下便可将写真膜粘在 KT 板上。粘贴时要边撕边粘，切不可将整个背膜都揭下粘贴，如图 5-2 所示。粘贴前将零件沿轮廓线外缘剪下，粘在 KT 板上后，再用小美工刀小心精确裁切，如图 5-3 所示。

图 5-2　粘贴写真膜

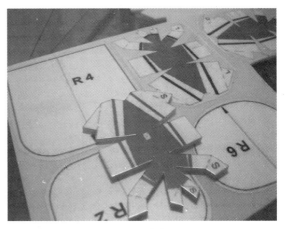

图 5-3　精确裁切

5.4　机身的制作

　　裁剪下来的零件要根据机身外形卷曲成各种形状,卷曲前需在 KT 板背面用铅笔划线,以形成折痕,线的间隔越短,外观越平滑,如图 5-4 所示。机身剖面使用隔板定型,将隔板边缘和机身边缘都削成 45°斜口以便准确粘贴,如图 5-5 所示。

图 5-4　形成折痕

图 5-5　隔板边缘和机身边缘都削成 45°

　　机身座舱部位的卷曲较为复杂,划线折痕可参考图 5-6。折痕位置的确定一方面来自前期用纸做的小模型,另一方面来自机身隔板的形状,机身处在隔板曲线部分需画折痕,直线部位不需要。如图 5-7 所示为粘接好的机身座舱部位,所有的接缝处都先用泡沫胶(不腐蚀 KT 板)粘接,然后用透明胶带在外壳接缝外再粘一层。

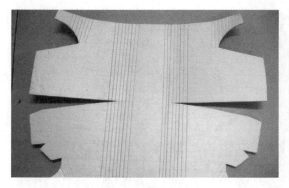

图 5-6　划线折痕

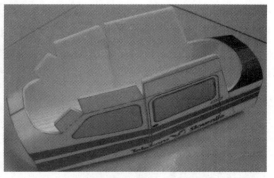

图 5-7　粘接好的机身座舱部位

在将机头和座舱部位粘接之前用电器包装泡沫雕刻一块和机头内部形状吻合的泡沫块，以便后面安装电机座和电池盒。

机身各段卷好后粘隔板定型，隔板需复制一份，粘在一起的机身前段和后段都要用隔板定型，如图 5-8 所示。如图 5-9 所示是机头最前那小段，等电动机电池装好后再粘。

图 5-8　机身前段和后段用隔板定型

图 5-9　机头电动机安装位置

5.5　机翼的制作

机翼贴膜后仍然要在背面画折痕，根据翼肋的形状，弯曲严重的地方折痕深、间隔短。

如图 5-10 所示上半部分是机翼的下面，下半部分折痕较多的是机翼的上面。为了让机翼的后缘比较尖锐，需用美工刀把上下机翼的后缘削薄，如图 5-11 所示。削的时候用玻璃茶几和钢尺限位就不会多削或少削。在裁切翼肋的时候要扣除 KT 板的厚度，在机翼一端和机翼上下面配合好后定型，再复制 13 份等距粘贴在机翼的内下面，如图 5-12 所示。

图 5 - 10　机翼折痕

图 5 - 11　削薄机翼的后缘

图 5 - 12　翼肋等距粘贴在机翼的内下面

　　先粘翼肋下面,后粘翼肋前缘的下部,要在翼肋和机翼上都涂泡沫胶,用快干后按压在一起,如图5-13所示。翼肋中间的孔洞是用来穿插加强机翼的长1 m、直径4 mm的中空碳纤杆的。在翼肋上面和机翼内上面翼肋粘接位置都涂胶,上下机翼面合并时需放在平整的玻璃茶几上进行,对齐边缘粘贴,防止机翼扭曲变形。

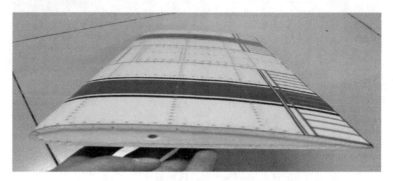

图5-13　粘贴好不扭曲变形的机翼

　　副翼舵机需用Y线控制,Y线可用电脑数据线或网线内芯自己焊接,原理如图5-14所示。Y线两端要留够长度,插头由机翼中间穿出,如图5-15所示。

图5-14　焊接好的副翼舵机

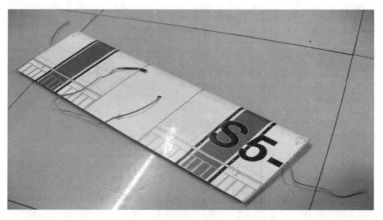

图5-15　插头由机翼中间穿出

　　机翼外段为梯形,为了简单只将翼肋的关键高度垫撑三条 KT 板,由翼肋处到翼尖厚度逐渐降低,如图 5-16 所示。完成后的外段机翼穿插 Y 线到舵机位置后,就可以粘接到机翼中段了,接缝处要多贴两层透明胶带以增加强度,如图 5-17 所示。

图 5-16　垫撑三条 KT 板

图 5-17　机翼中段多贴两层透明胶带

　　机翼完工后在机翼外段加工副翼,副翼的切割加工过程如图 5-18 所示,副翼舵角采用商品舵角,用适当长度钢丝连接舵角和舵机摇臂,舵机压入后将原先切割下来的机翼蒙皮用透明胶布覆盖在舵机安装面上。在舵机摇臂位置开长孔使转动灵活,如图 5-19～图 5-21 所示。

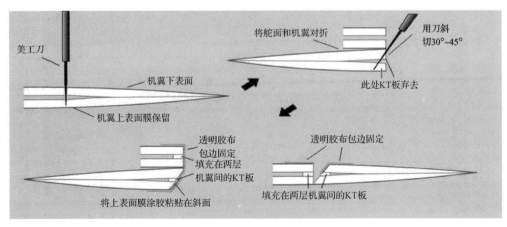

图 5-18　副翼的切割加工过程

图 5-19　副翼舵机安装

图 5-20　在舵机安装面上覆盖蒙皮

图 5-21　摇臂位置开长孔使转动灵活

5.6　尾翼的制作

　　水平尾翼上下面贴膜后沿边线裁切好。然后将前缘、后缘削薄等待粘贴,如图 5-22 所示。在水平尾翼前部中间夹粘四片布条做铰链。水平尾翼的两侧舵面的中间夹粘 W 形钢丝以确保两侧舵面转动一致,如图 5-23 所示。

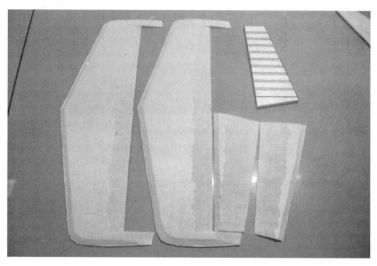

图 5-22　削薄前、后缘

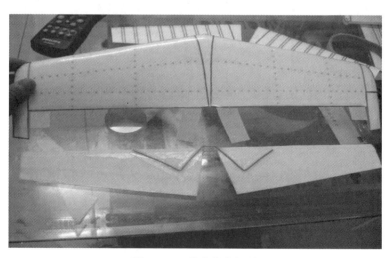

图 5-23　粘布条和钢丝

　　水平尾翼边缘用透明胶布粘接,手法如图 5-24 所示,在一面粘好透明胶带,用拇指将两面压紧的同时把胶带粘到另一面。这样做出的尾翼边缘圆滑,外形美观。如图 5-25 所示为尾翼完成后的效果图,水平尾翼在机尾的插槽参见图纸,开槽时确保尾翼水平,并和主机翼保持平行。

　　垂直尾翼的零件如图 5-26 所示,也需削薄边缘并加铰链。先把垂尾前部直接粘接在机尾上部,然后如图5-27所示,将舵面前缘用泡沫胶粘好,用透明胶带包裹前缘后再合并。最后完成效果如图5-28所示。

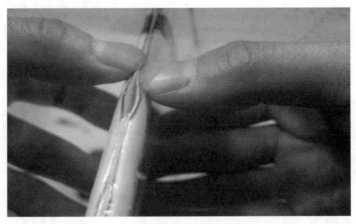

图5-24　水平尾翼边缘用透明胶布粘接

图5-25　尾翼完成后的效果图

图5-26　垂直尾翼的零件

图 5 - 27 垂尾前部直接粘接在机尾上部

图 5 - 28 最后完成效果

5.7 设备仓及起落架的构造和强化

主起落架使用雨伞的粗钢丝制作,用三层 2 mm 厚的桐木片做起落架座,在中间一层木片开槽固定钢丝,粘贴在 R4 隔板上,如图 5 - 29 所示。在 R4 隔板前后粘贴起缓冲和强化作用的泡沫块,如图 5 - 30 所示。座舱侧面由于要支撑机翼,所以需用形状符合的 KT 板再粘一层以增加强度,如图 5 - 31 所示。

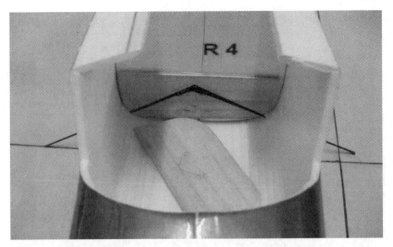

图 5-29　主起落粘贴在 R4 隔板上

图 5-30　缓冲和强化作用的泡沫块

图 5-31　座舱侧面粘一层 KT 板以增加强度

　　因要安装前起落架、电池、电动机等,所以要在第二段机头部位填充整块泡沫。在下部挖一孔以通过电动机电线,如图 5 - 32 所示,此孔可适当开大些,以便螺旋桨将冷空气鼓入电池盒冷却电池。在前起落架前,垂直机身位置再挖一电池仓。用 2 mm 厚木片制作电池盒,用胶粘入泡沫仓中,电池盒口粘接魔术贴以便取放固定电池,如图 5 - 33 所示。电池仓的位置由飞机的重心决定。可根据自己制作的飞机实际情况调整。

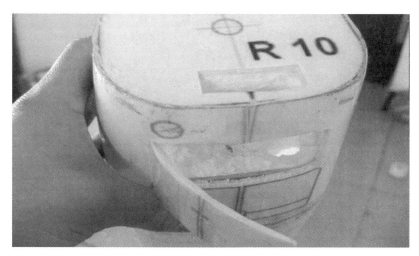

图 5 - 32　挖一孔以通过电动机电线

图 5 - 33　粘贴电池盒

　　前起落架座也需固定于此块泡沫中,起落架钢丝仍由雨伞钢丝制作,在上部折成 L 形并用 2 mm 厚木片固定,以防止起落架偏转,做出如图 5 - 34 所示的十字结构,在泡沫上开槽,再在木片上涂泡沫胶后压入。

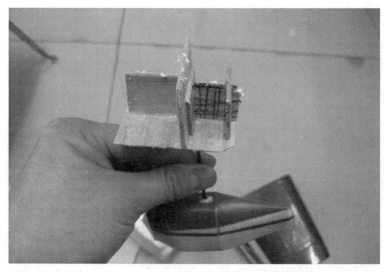

图 5-34　防止起落架偏转做出十字结构

　　电动机座使用双层 2 mm 厚木片制作,用泡沫胶粘在机身隔板上便可。完成后效果如图 5-35所示。

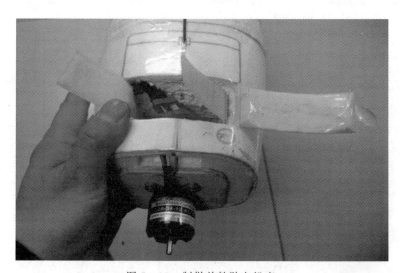

图 5-35　制做并粘贴电机座

　　起落架的整流罩部位零件比较小,在折叠粘贴的时候需要将接缝处的 KT 板适当削切以使表面 KT 写真膜吻合,不露出白色的 KT 板,如图 5-36所示。为了固定起落架整流罩,在起落架钢丝外部制作一三角形钢丝框,如图 5-37所示,然后用泡沫胶和透明胶带将整流罩固定在框架上便可,如图 5-38所示。

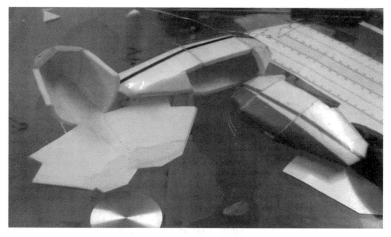

图 5 - 36　起落架的整流罩

图 5 - 37　制作三角形钢丝框

图 5 - 38　固定整流罩

为了维修方便,机翼做成可拆卸形式,如图5-39、图5-40所示,把座舱改造成一机翼平台,加横向隔板,用小块KT板垫平,并用KT写真膜包裹,机翼和座舱之间用魔术贴粘贴,再在前、后挡风玻璃处用透明胶带将机翼固定在座舱上便可。前挡风玻璃用KT板做成前凸的盒状,上端与机翼前缘相吻合,如图5-41所示。

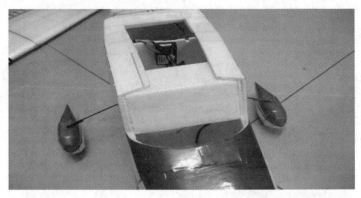

图5-39 机翼做成可拆卸形式(1)

图5-40 机翼做成可拆卸形式(2)

图5-41 制作前挡风玻璃

接收机用双面胶粘贴在座舱隔板上,如图 5－42 所示。升降舵和方向舵舵机用泡沫胶粘在座舱侧面并在周围用泡沫块限位,舵机拉杆可用碳纤杆或竹条与钢丝制作,从水平尾翼上方穿出,将机身穿孔适当扩大以使拉杆灵活。舵角使用成品塑料舵角。如图 5－43 左侧为尚未装好的方向舵拉杆,右侧为已连好舵角的升降舵拉杆。

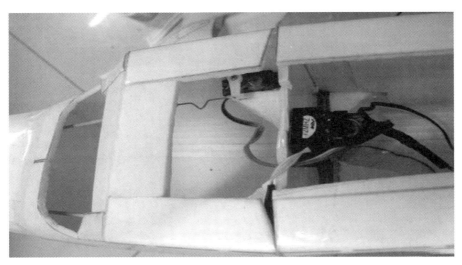

图 5－42　粘贴接收机

图 5－43　连好舵角的升降舵和方向舵拉杆

最后为机翼安装机翼撑杆,由于机翼已经加强,撑杆无需用力,只要用 KT 写真膜包裹木片或竹条粘在机翼和机身之间便可。

该机翼展有 1.3 m,飞机的动力可选择 2830 或 2217 等型号拉力较大的无刷电动机。桨使用 1047 或 1147 成品塑料桨。电调使用 30A 无刷电调。舵机使用普通 9g 舵机。至此一架可爱的赛斯纳飞机便完工了,如图 5-44 所示。

图 5-44　赛斯纳飞机

5.8　课 后 习 题

1.机身如何制作?

2.机翼如何制作?

3.尾翼如何制作?

4.设备仓及起落架如何安装固定?

第6章　固定翼飞机首飞航线控制

6.1　课前预习

📖 **在书上找到答案**

(1)航线控制在易视区的要点是什么?

(2)当出现侧风时如何实现直线飞行?

(3)如何实现身体扭转来减轻左右方向混淆?

(4)首次飞行中应注意哪些事项?

(5)波状航线产生的主要原因是什么?

6.2　概　　述

在首次飞行中飞机的航线控制尤为重要,为便于更好地控制固定翼飞机,通常而言我们将飞行控制在我们容易观察的空间区域,这一区域通常称为易视区。虽然处于易视区的飞机便于我们观察飞行姿态,但飞机常常会受到外界因素如气流、侧风改变航线以及飞行器转向时人的方向因素导致操控失误。本章就如何将飞机控制在易视区以及如何克服外界因素与人为因素带来的航线失控进行介绍。

本章所讲内容:

(1)将航线控制在易视区的基本方法。

(2)直线飞行中侧风的影响。

(3)将飞机看作一个整体进行航线控制。

(4)利用手体扭转减轻左右混淆的问题。

6.3　将航线控制在易视区的基本方法

将飞机的飞行区域控制在易视区,如图6-1所示。内容包括:让飞机在你面前进行往复飞行。在飞行时应尽量平行于跑道,在左右两端开始转弯的点要足够远。这样,即使弯转得不尽人意,飞机也不会从你的头顶或背后飞过。

要点:一定要让飞机飞得足够远再转弯,从而在必要时能有时间进行调整。

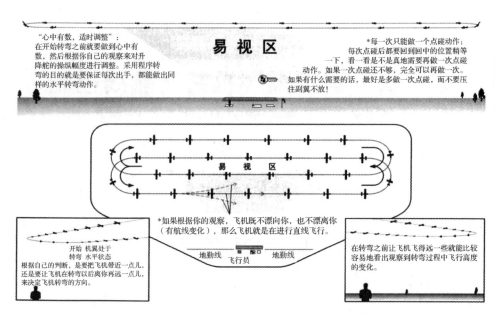

图 6-1 将航线控制在易视区

6.4 直线飞行与侧风情况

直线飞行与侧风情况,如图 6-2 所示。

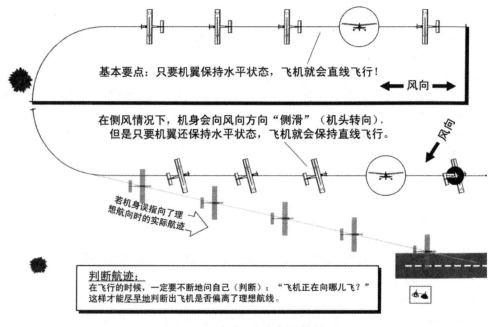

图 6-2 直线飞行与侧风情况

要点:飞行时,要去判断"飞机正在飞向何处",然后再根据你要它往哪里飞来进行航线修正。

6.5　将飞机看作一个整体进行航线控制

在飞行时应将飞机看作一个整体来进行航线控制,如图 6-3 所示。

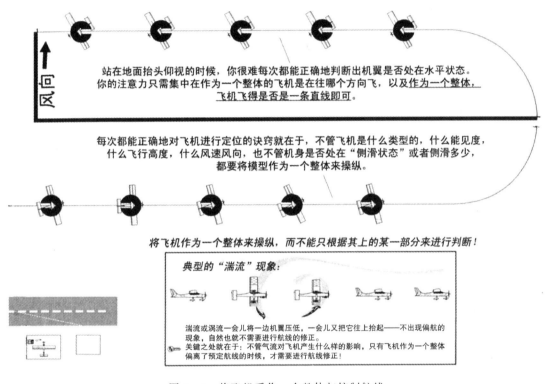

图 6-3　将飞机看作一个整体与控制航线

要点:在控制飞机的航迹时要将整个飞机看作是一个整体,而不要去管什么气流,也不要去管机身的指向。

6.6　利用"身体扭转"来减轻左右混淆的问题

使身体大致朝向飞机飞行的方向,这样,你自己的左右就能和飞机的左右保持一致了。由于在飞行的大部分时间里,飞机都是从左飞到右,再从右飞到左的,所以,你只需朝向两个方向即可,如图 6-4 所示。

要点:将身体面向飞机飞行的大致方向,以减轻左右混淆的问题。

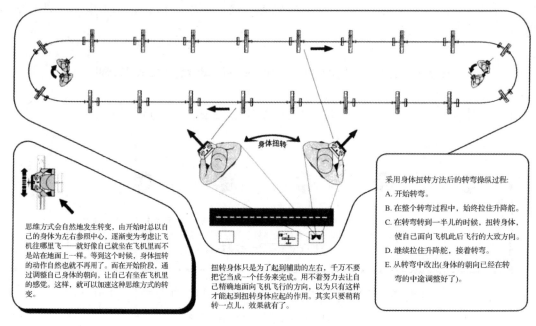

图 6-4　利用"身体扭转"来减轻左右混淆

6.7　关于热身飞行的建议

在刚开始练习飞行的时候,要把如何控制航线放在首要的位置上。换句话说,首先就是不要让飞机飞跑。建议你在刚开始练习的时候,不要每次一出现小小的波状飞行就忙着去修正它。大多数讨厌的波状飞行都是由于转弯时爬升或下降造成的速度变化而产生的。随着转弯技术的不断改进,这些小的波状飞行自然而然地就不会出现了,如图 6-5 所示。

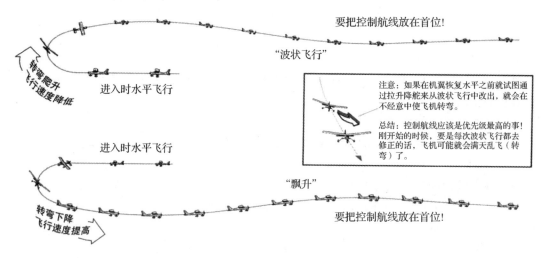

图 6-5　做更紧迫的事情即控制航线

如果每次出现小幅的波状飞行都去修正的话,就会让你从诸如控制飞机的航线及保证水平转弯等更重要的问题上分心了。

要点:开始的时候,尽量不要去管那些无关紧要的波状飞行。要优先去做更紧迫的事情,即控制航线。

6.8　总　　结

本章介绍了热身首飞的过程中如何把飞机的航线控制在易视区的基本方法及训练目标。首次热身飞行时航线控制的训练目标:

(1)让飞机在你的前面,于易视区内往复飞行。在易视区两端进行 180°程序转弯。在从左至右和从右至左的通场过程中,用点碰动作维持航线。

(2)维持直线飞行,及早发现并纠正航线偏差。每次飞机通过面前的时候,都要问自己:"飞机和我自己的相对关系是怎样的?""飞机正在漂向我?"(用点碰动作把它推远。)"飞机正在漂离我?"(用点碰动作把它拉近。)如果飞机对你来讲既不漂远,也不漂近,你得到的就是直线航线了。

本章的另一个知识点就是如何把飞机看作是一个整体来判断航迹。换句话说,介绍了如何判断整架飞机往哪儿飞。同时介绍了通过身体扭转这一临时方法,让身体基本上顺着飞机的飞行方向,方便利用点碰动作进行航线修正,把飞机"推远"或"拉近"。这样,就避免了左右混淆的问题。

6.9　项目实训

(1)练习侧风时实现直线飞行的操纵方法,飞行时要掌握逆风和顺风控制飞机速度要均匀,高度一致。

(2)练习顺时针和逆时针航线飞行,掌握好两种飞行的转弯操作。

(3)练习低、中、高航线飞行不同平视角度的判断。

(4)初步建立飞机进场操作航线转弯点高度、速度的准备。

6.10　课后习题

1.如何将航线控制在易视区?

2.将飞机看作一个整体是如何控制航线的?

3.如何利用"身体扭转"来减轻左右混淆?

4.波状航线产生的主要原因有哪些?

第7章　固定翼飞机起飞控制

7.1　课前预习

📖 **在书上找到答案**

(1) 标准起飞的步骤及注意事项有哪些?

(2) 如何进入预定航线?

(3) 短跑道起飞的注意事项有哪些?

(4) 飞行中的飞机在什么时间点可以进行调校?

7.2　概　　述

上一章我们学习了固定翼飞机飞航线的要求和航线飞的一般原理、原则。这一章我们将进入固定翼飞机起飞控制的学习。俗话说得好,万事难于起步。在固定翼飞机起飞的控制中,我们将把这一内容分成几个步骤,循序渐进。学好对固定翼飞机起飞过程的观察、判断,及时进行控制处理,以操纵固定翼飞机安全顺利飞入航线。

本章所讲内容:

(1) 固定翼飞机起飞方式盘点。

(2) 标准起飞的步骤。

(3) 起飞后进入预定航线的方法。

(4) 短跑道起飞的方法。

(5) 起飞前的练习与起飞后飞机的调校。

7.3　固定翼飞机的起飞方式盘点

固定翼飞机相比于旋翼机,关键的不同之处就在于起飞。固定翼飞机最常见的起飞方式为滑行,后随着技术的发展,又衍生出了垂直起飞、空投、轨道弹射起飞、手抛等方式。

7.3.1　滑行起飞

滑行起飞是固定翼飞机最常见的起飞方式,安全性高,机动灵活性差,适合军用无人机。民用领域多数并不具备足够的起飞空间,因此在一定程度上限制了固定翼飞机在民用领域的大范围推广。

7.3.2　垂直起飞

垂直起飞是较为先进的概念,适用于空中混血儿——倾转旋翼无人机。倾转旋翼无人机结合了旋翼机和固定翼飞机的优点,既有旋翼又有固定翼,无人机起飞和着陆时,旋翼轴处于垂直状态,因此可以保障无人机的垂直起降,成功起飞后,旋翼轴会转变为水平状态,使无人机过渡到飞行模式。因此这种无人机兼具垂直/短距离起降和高速巡航的特点。目前从世界范围来看,倾转旋翼技术还处于起步阶段,只有少数国家技术相对成熟。

7.3.3　空投

空投方式需要借助母机搭载固定翼飞机升空,到达一定空域后释放,从而完成固定翼飞机的发射工作。比较典型的是波音公司推出的无人机发射和回收系统 FLARES。FLARES 类似大型四旋翼无人机,既可以作为固定翼无人机的发射台,又可以对无人机进行回收。2015年 8 月,Insitu 公司利用"扫描鹰"无人机对 FLARES 进行了一系列测试。测试期间,下方搭载了"扫描鹰"的 FLARES 直接飞上空中,开始盘旋,"扫描鹰"随之加速,最后脱离飞出。FLARES 飞回发射基台,在操作人员将回收系统固定在其底部后,FLARES 再次升空准备回收无人机。

7.3.4　轨道弹射起飞

轨道弹射需要借助轨道仪器,靠外力(气/液压、电磁等)使滑车托举着无人机在导轨上加速,从而让无人机获得平飞速度,顺利出架。例如,电动机动力的弹射系统一般由滑行轨道、小车、牵引钢丝、缓冲橡皮筋、电动绞盘、电动机减速机构、开锁装置等构成。滑车的牵引力源于高扭矩电机,开锁装置与电源开关联动,合理的电动机减速比,使电动绞盘的转速和扭矩满足滑车前进的力量和速度需求。轨道弹射起飞机动灵活,适用于民用领域,但第一次弹射前准备和调试时间较长,且弹射设备体积较大,运载比较麻烦。

7.3.5　手抛

手抛式最为简单,与放飞纸飞机类似,适用于质量轻、尺寸小的微型无人机,比如美国的"大乌鸦""指针"和英国的 MSV‐10 无人机。

7.4　标　准　起　飞

这里所有有关起飞的介绍都是建立在假设飞机调整在采用 1/4 油门时保持水平飞行的基础上,并且采用滑行起飞方式。

很多人一开始练习起飞的时候都会担心产生"失速"的问题。要知道,产生失速与拉升降舵的幅度并无关系,而与拉住升降舵不放的时间长短有关。换句话说,拉住升降舵不放的时间过长,就可能会"失速"!

你在飞之前就要想明白,并做好准备,等飞机一离地就立刻将升降舵平稳地回中。这样,飞机的爬升就会比较平缓,从而在爬升过程中能保持较高的飞行速度和较大的升力。在使用全部动力的情况下,飞机就会进行稳定的爬升。

除了前面提到的这些以外,起飞过程中最关键的一环就是要让机翼在离地的时候保持水平!万一出现了失速,通过拉升降舵就能真的把飞机"拉起来",而不会由于机翼有坡度而转弯,栽到地上!在这儿我们还想提一句:"在起飞之前,一定要先保证发动机能正常运转。如果有什么不正常的话,不要指望上了天,它就能自动地变好。"

7.4.1　标准起飞的步骤

飞机标准起飞的步骤(见图7-1)如下:

第一步:拉一半幅度的升降舵——在整个地面滑跑过程中要始终拉住它。

第二步:平稳地将油门加至最大——加油门时,操纵杆的移动一定要笔直向上。

第三步:离地的瞬间,将升降舵平稳地回中——这时要让机翼保持水平!

第四步:在第一次转弯之前,将油门减至1/2至1/4——水平转弯。

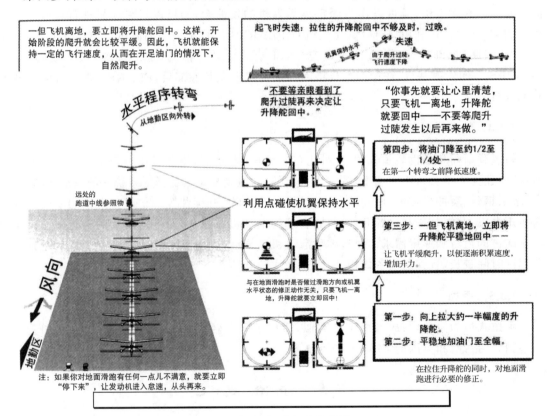

图7-1　飞机标准起飞的步骤

要点:一旦飞机离开地面,起飞用的升降舵就要立即平稳地回中,如图7-2所示。

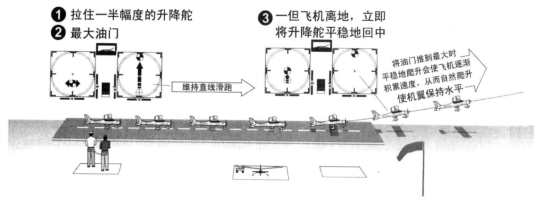

图 7 - 2　起飞要点

7.5　进入预定航线

你可以在任何一个你觉得合适的高度转第一个弯。只是要在第一次转弯之前,把油门减至 1/4 以下,让飞机慢下来("让飞机变得温顺一点儿")。注意:不管油门设在什么位置,都要确保第一个程序转弯是水平的(注意拉升降舵的幅度),如图 7 - 3 所示。(这样就能防止在转弯后出现波状飞行,也就不会上当受骗进行不必要的油门调整了!)

要点:一旦飞机的飞行高度允许,首先就要将油门减至 1/2 以下,以"安顿"下来进行起飞后的第一个转弯。

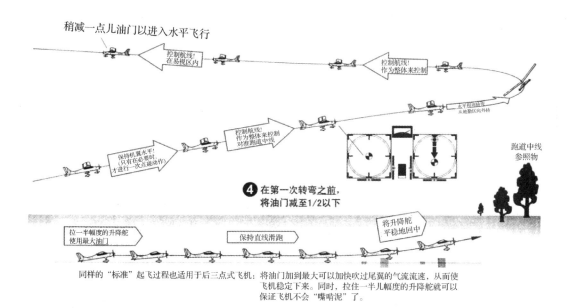

图 7 - 3　进入预定航线

7.6 保持平飞航线

在控制航线后进入水平飞行,有足够的时间去细致地调整油门,以使飞机能一直保持水平飞行。但是在进行油门调整之前,先要保证能够控制好飞机的航线,如图7-4所示。

"与飞机飞到自己身后或者飞丢了比起来,在一开始的时候,飞机飞得稍微有点儿高并不是什么大不了的事情!"

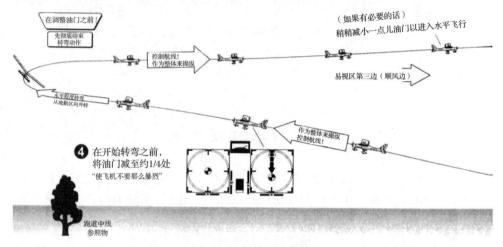

图7-4 保持平飞航线

要点:先要彻底地完成转弯动作并进入预定航线,然后再去调整油门以进入水平飞行。

进入水平航线,确定油门的调整。首先要先从转弯中彻底地改出,并进入第三边(顺风边)的飞行。然后只有在操纵飞机飞行了一段时间以后,发现飞机一直持续地爬升或下降,这时再去进行油门的调整!如图7-5所示。如果发现油门确实需要调整,就要在做完这次调整之后,操纵飞机飞一会儿,然后再来决定是不是真的需要再进一步地对油门进行调整了。

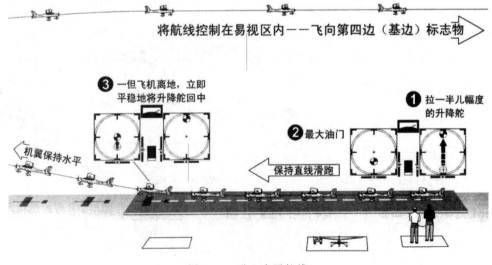

图7-5 进入水平航线

要点:只有在飞机不能保持水平飞行,而一直持续地爬升或下降时,才需要在飞行中对油门进行调整。

7.7　短跑道起飞

短跑道起飞在跑道不平或需要避让跑道终点的障碍物时十分有用,如图 7-6 所示。

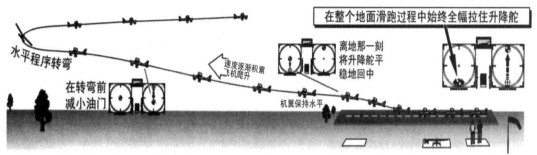

注:起飞时地面滑跑的距离是由拉升降舵的幅度决定的:拉的幅度越大＝滑跑距离越短。拉的幅度越小＝离地前滑跑的距离越长。

起飞后进入较低的初始航线

如果想在起飞后进入较低的初始航线,则要将你把油门减至1/4
的"时间点"提前。这样,爬升的高度就会降低。

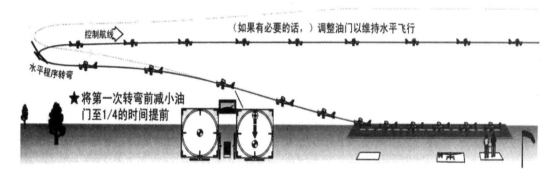

图 7-6　短跑道起飞

要点:起飞后将油门减至 1/4 的时机越早,高度越低,初始航线的飞行高度也就越低。

7.8 起飞前的练习

起飞前的练习方法如图7-7所示。

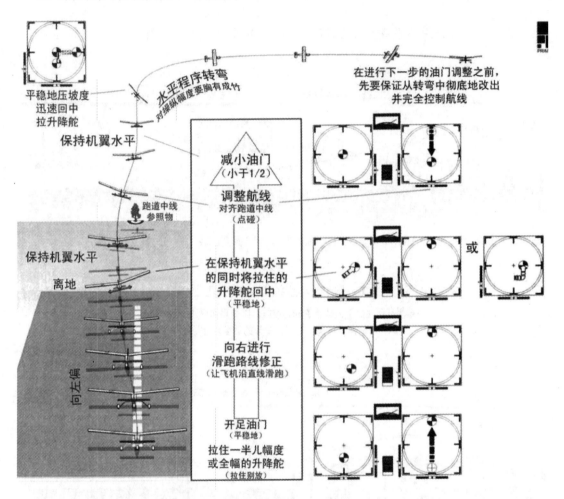

图7-7 起飞前的练习

要点:在实际飞行之前要先使用遥控器进行"起飞过程"的练习,特别要注意练习在保持机翼水平的同时将升降舵回中的动作。

7.9 飞行中飞机调校

对于一架需要进行调校的飞机而言,在起飞和飞行的过程中所要注意的最关键的一条就是要始终保持对飞机的控制。只要能始终保持对飞机的控制,就能清楚地知道究竟什么地方需要进行调校。调校的目的就是要消除不时进行的点碰动作,如图7-8所示。

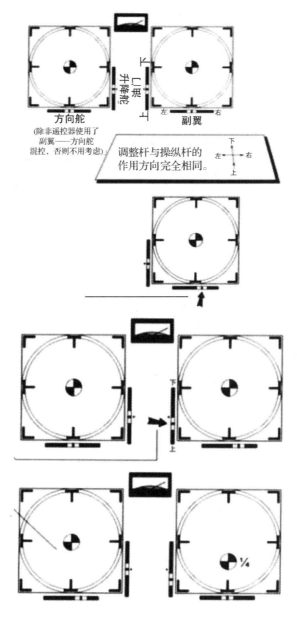

图 7 - 8 飞行中飞机调校要领

1.飞行中飞机调校的经验

(1) 如果发现为了让飞机能保持直线飞行而不得不持续地向某一特定方向做点碰动作的话,就说明飞机需要进行调校了。

(2) 要寻找适当的机会来对飞机进行调校。要先让飞机飞至一个适当的状态,以便有余暇对飞机进行必要的调整(但是更重要的是,不要让飞机失去了控制)。

(3) 在每一次调校后,都要先让飞机飞一会儿,再来决定是不是真的需要再进一步地调校。

(4) 一般而言,如果飞机进入直线航线后,能够保持直线飞行,就说明飞行"调校好了"。

副翼调校举例:

如果你发现你总是要向右点碰才能使飞机保持直线飞行的话,你就可以稍微向右调整一下副翼的微调。如果让飞机再飞一会儿以后,你发现你还要不时地向右点碰副翼,这个时候,你可以再做进一步的调校。

2.升降舵调校的经验

先将油门调整到正好能够维持水平飞行。调整升降舵使之能让飞机在你认为合适的飞行速度上保持水平飞行。

举例:如果飞机维持水平飞行的速度比你希望的快,就要稍微向上调整一点儿升降舵,使飞机速度下降后还能维持水平飞行。

如果在某一给定的速度下,你发现你要不时向上或向下点碰一下升降舵,才能使飞机保持水平飞行,那么也需要对升降舵进行调校。(当然,在转弯过程中拉住升降舵的时候,发现需要对升降舵幅度进行调整,这不能计算在内。)

注:能够进行水平转弯,并通过调整油门进入水平航线,换句话说,能够正常飞行,对于确定是否需要对飞机进行调校是非常有帮助的。只有这样,你才不会做一些于事无补的事情,试图通过对飞机进行调校去消除那些本应由你修正操纵来改善的诸如转弯爬升或转弯下沉等现象。否则,你可能会以为这一切都是由于飞机调校得不好造成的。

要点:在每次进行飞行调校前后,都要先让飞机飞一会儿,再来确定是否真的需要进行调校。

7.10 总 结

本章介绍了不同机型的起飞特点,学习了飞机在起飞前油门和方向舵的协调操作,只有油门和方向舵协调操作才能完成机体离地。飞机离地面进入爬升阶段,在操作上就是油门、副翼、升降的配合了,保证爬升角25°~30°,爬升直线30 m左右,这段时间里不要使飞机机翼产生坡度,油门保持大油门,在第一次转弯之前,将油门减至1/2至1/4,然后水平转弯。这样就完成了起飞工作。

7.11 项 目 实 训

(1)飞机在地面直线滑跑的练习,掌握油门和方向舵配合,达到起飞前的直线滑跑要求。

(2)练习油门和方向舵、升降舵协调操作,保证飞机在飞行第一边的高度、速度,使飞机机翼没有坡度,不产生失速。

(3)学会掌握不同起落架布局飞机滑跑特点和操作。

7.12 课 后 习 题

1.标准起飞的步骤有哪些?

2.如何控制无人固定翼飞机进入预定航线?

3.起飞前的练习有哪些?

4.如何在飞行中进行飞机调校?

第8章 固定翼飞机着陆控制

8.1 课 前 预 习

📖 **在书上找到答案**

(1)着陆航线如何对准跑道?

(2)低空通过的主要步骤有哪些?

(3)造成接地过远的主要原因是什么?怎样处理?

(4)选成拉平接地跳跃的原因是什么?

(5)侧风入场的注意事项有哪些?

8.2 概 述

进场着陆是遥控模型飞行中最基础、也是相对较难掌握的一个飞行动作,又是整个飞行过程中最容易发生事故的一个环节。本章对固定翼飞机着陆展开分阶段讲解,首先讲解如何通过对油门小幅的调整,来改变飞行高度,降低着陆航线飞行高度,然后讲解飞机进入预定着陆航线后如何对准跑道,以及在着陆过程中正确的前组织步骤,当飞机因外在因素或个人操控导致着陆失败时,应怎样处理。

本章所讲内容:

(1)着陆航线调整。

(2)降低着陆航线飞行高度。

(3)着陆组织。

(4)接地过远与接地过近的处理方法。

(5)飞机进场着陆的技巧。

8.3 着 陆 航 线

8.3.1 沿跑道中线飞行

在大多数飞行环境中,跑道就在你的身前。因此,在对准跑道和沿跑道飞行的时候,要在将飞机作为一个整体来操纵的同时"用你自己来做参照物"——就在你身前一点点——飞机就会（也必须）飞在跑道正上方了，如图8-1所示。

要点：当操纵飞机沿跑道上方飞行时，要用你自己来做主要的参照物——跑道就在你的身前。

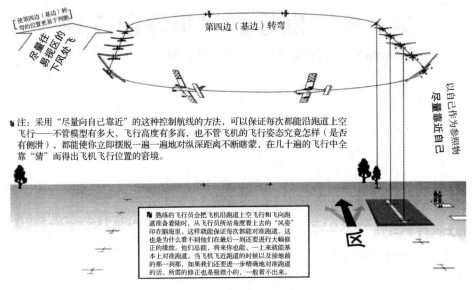

注：采用"尽量向自己靠近"的这种控制航线的方法，可以保证每次都能沿跑道上空飞行——不管模型有多大，飞行高度有多高，也不管飞机的飞行姿态究竟怎样（是否有侧滑），都能使你立即摆脱一遍一遍地对纵深距离不断瞎蒙，在几十遍的飞行中全靠"猜"而得出飞机飞行位置的窘境。

熟练的飞行员会把飞机沿跑道上空飞行和飞向跑道准备着陆时，从飞行员所站角度看上去的"风姿"印在脑海里。这样就能保证每次都能对准跑道。这也是为什么看不到他们在最后一刻还要进行大幅修正的缘故。他们总能，将你也能，一上来就能基本上对准跑道。当飞机近跑道的时候以及接地前的那一刹那，如果我们还要进一步精确地对准跑道的话，所需的修正也是极微小的，一般看不出来。

图8-1 沿跑道中线飞行

8.3.2 对准跑道的方法

对准跑道的方法如图8-2所示。

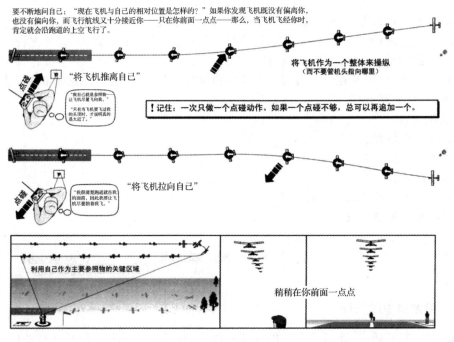

图8-2 对准跑道的方法

要点:不断地问自己"飞机和自己的相对位置关系是怎样的?"这是发现和修正偏差的最简捷的方法。

8.3.3　第四边(基边)转弯的参照物

1.参照物的选择

第四边(基边)转弯的参照物的选择方法如图 8-3 所示。

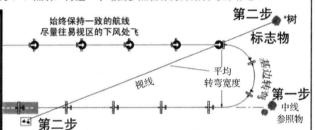

图 8-3　第四边(基边)转弯的参照物的选择

要点:利用地面参照物作为参考点,以增加航线的一致性。

2.标志物的选择与风对转弯的影响

很多固定翼无人机飞手都是通过观察风向袋来决定如何起飞和降落的。为了能使自己的思维领先于飞机的动作,一定要对风是如何影响航线中每一个转弯的进行"预测",并要在做操纵动作之前就对标志物(开始转弯的地方)进行相应的调整,如图 8-4 所示。

要点:为使每次从第四边(基边)转弯改出时都能保证对准跑道,一定要去调整进入转弯的开始点,而不要去调整转弯动作本身。

8.3.4　第四边(基边)转弯的改出

第四边(基边)转弯改出动作是否及时与完美对于能否在一开始就能精确地对准跑道而言是至关重要的。开始改出的最佳时机就是当机头朝向你的时候,飞机在飞经跑道的时候就能尽量靠近你了,如图8-5所示。

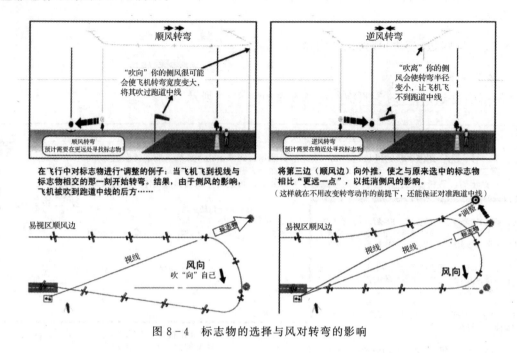

图8-4 标志物的选择与风对转弯的影响

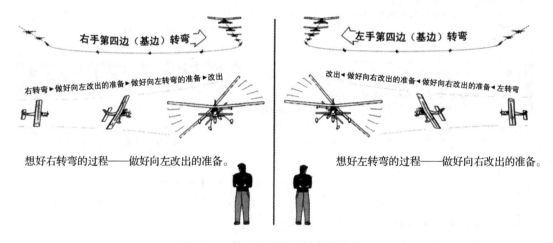

图8-5 第四边(基边)转弯的改出

一定要事先想好副翼的操纵方向并提前做好准备,以便能够完美地从第四边(基边)程序转弯中改出——不要犹豫,也不要急躁。

其实这就是我们在前面反复强调的一定要保持始终如一的程序转弯操纵动作的一条更重要的理由。转弯的动作越程式化,你就越容易把精力集中在究竟什么时候,向什么方向操纵副翼,以使第四边(基边)转弯能够完美地改出这一问题上来。

要点:在进行第四边(基边)转弯时,要在转弯改出之前就想好改出时副翼的操纵方向。

8.3.5　关于着陆航线与对准跑道的小结

着陆航线与对准跑道的小结如图 8-6 所示。

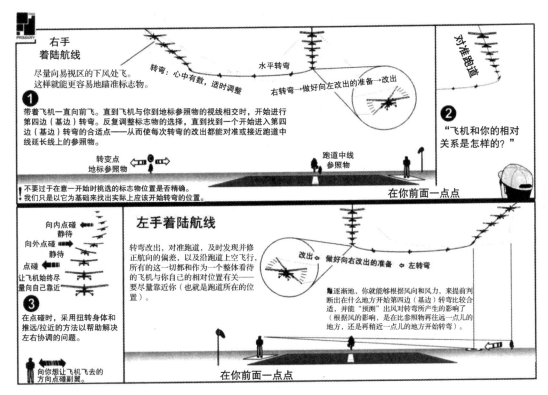

图 8-6　着陆航线与对准跑道的小结

要点：通过寻找一个最佳的第四边（基边）转弯标志，可以减少对准跑道所需的航线修正次数，这样，就能使你有机会来调整油门，降低航线，准备着陆。

8.4　降低着陆航线的飞行高度

8.4.1　降低着陆航线的飞行高度与油门

在着陆航线中引入油门的使用，反复练习固定的着陆航线。一旦程式化以后，把油门减小一两格，使航线的高度降低，然后再将其复原，如图 8-7 所示。将整个着陆航线都保持在较低的飞行高度上，在你觉得轻松的前提下，要尽量低飞。

要点：在调整油门之前，先要确保对航线的控制。在调整油门后，要继续保持对航线的控制，如图 8-8 所示。

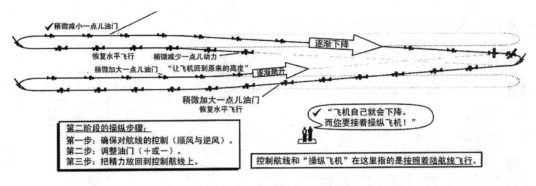

图 8-7　降低着陆航线的飞行高度与油门

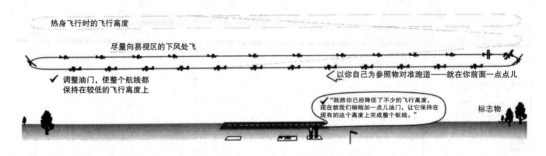

图 8-8　保持对航线的控制

8.4.2　低空通过

要点：在对准跑道后，放松。通过调整油门，降低飞行高度，飞向跑道，如图 8-9 所示。

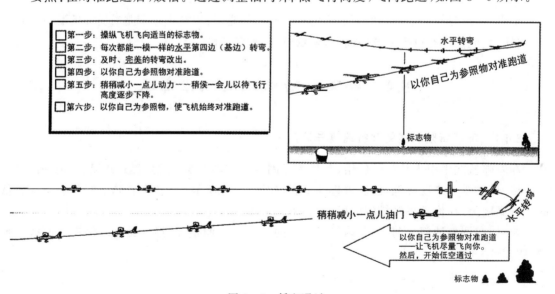

图 8-9　低空通过

8.4.3　复飞

低空通过后的复飞步骤如图 8-10 所示。

"复飞"的步骤
第一步：稍加大一点儿油门，使其进入水平飞行。
　　　　控制航线。
第二步：如果有必要的话，稍加一点儿动力，使之略做爬升。
　　　　控制航线。
第三步：水平转弯
　　　　控制航线。
第四步：如果有必要的话，稍稍减小一点儿动力，使之恢复水平飞行。

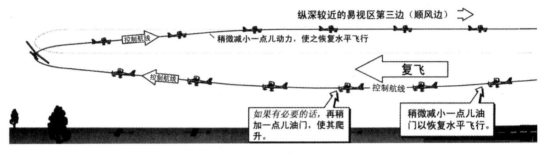

图 8-10　复飞

要点：在每次调整油门之前，都要先保证对航线的控制，不要让飞机飞跑了！

8.4.4　首次着陆准备

在反复练习低空通过，以较低的飞行高度飞向跑道的过程中，可以让发动机进入怠速，试着在跑道上着陆了，如图 8-11 所示。

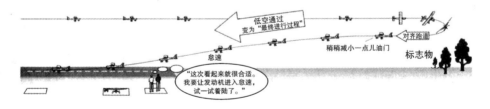

着陆"接地"（拉平降落）
放松，当飞机距地面有几尺的高度时，稍稍拉住一点儿升降舵，使飞机平稳地接地。

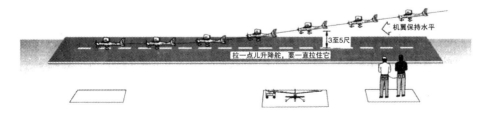

图 8-11　首次拉平着陆准备

要点:只有当某次低空通过看上去很完美时,才应试着进行着陆——这样,着陆才能成功。

8.5 着 陆 组 织

8.5.1 飞低进近过程

风与航模的类型等各种因素都会对从某一高度进行着陆的"下滑道"的长度和坡度产生影响,由此就可能会使对于进入怠速和接地的时机的判断变得较为困难,如图 8-12 所示。

图 8-12 气流对着陆进近过程的影响

较低的进近过程在组织着陆的过程中让飞行高度降低,就可以使"让发动机进入怠速的最佳时机"变得容易判断了。因为如果进近过程飞得较低的话,到接地之际飞机飞得就不会太远,并不用管是什么风或者是什么类型的航模。

要点:进近过程飞得较低就不用再去瞎蒙让发动机进入怠速的时机了,因为进入怠速后很快飞机就会接地,如图 8-13 所示。

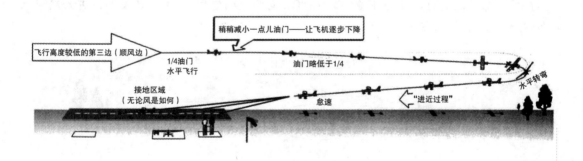

图 8-13 发动机进入怠速的时机

8.5.2 着陆组织的各个步骤

着陆组织的各个步骤如图 8-14 所示。

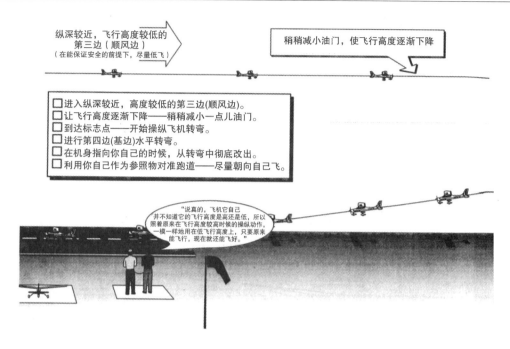

图 8-14　着陆组织的各个步骤

要点:在第四边(基边)转弯之前就使飞机逐步下降高度。这样,你就可以把全部精力都放在完成稳定一致的水平转弯上。

8.5.3　第四边(基边)转弯

对于组织一次成功的着陆而言,其最重要的一环就是要让第四边(基边)转弯保持水平飞行,这样,在完全改出的时候就会更容易。同时,也让你在此后能够集中精力去对准跑道,而不会被波状飞行分神,如图 8-15 所示。

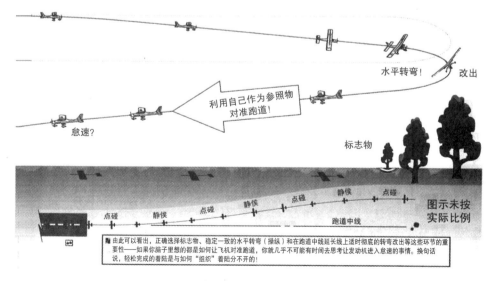

图 8-15　第四边(基边)转弯保持水平飞行

要点:要想在进入着陆进近过程后不受波状飞行的干扰而分心,转弯过程中能否保持水平飞行(均速)是至关重要的。

8.5.4 进近过程

在整个对准跑道的进近过程中,你要不断地问自己:"飞机现在和我的相对位置关系如何?",如图 8-16 所示。(脑子里事先就要想清楚,跑道就在你自己的前面一点点。)

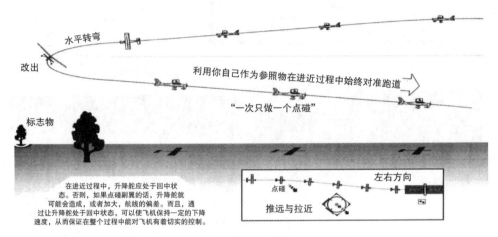

图 8-16 飞机现在和我的相对位置关系

要点:在整个进近过程中,发现与修正航偏的捷径就是利用你自己作为参照物。

8.5.5 怠速

为了能比较容易地在跑道上着陆,你事先就要想好"什么时候进入怠速"。从第四边(基边)转弯中改出时要彻底,并尽早对准跑道(这些要优先去做),如图 8-17 所示,这样你就会有更多的时间来思考究竟什么时候进入怠速。

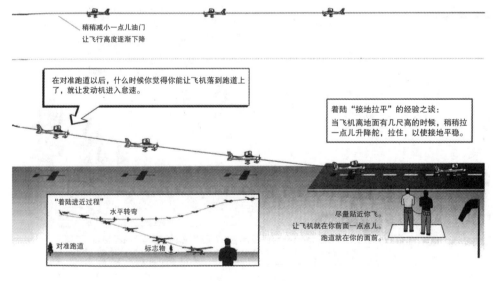

图 8-17 进入怠速

要点:组织着陆的最后一步是让发动机进入怠速,但是事先一定要先对准跑道。

8.5.6　着陆过程

选择一个适当的标志物,以此来保证从第四边(基边)转弯改出时就能对准或者说基本对准跑道,从而能大大减少进近过程中进行航线修正的次数,使你有更多的时间去考虑什么时候去让发动机进入怠速,什么时候着陆,如图 8－18 所示。

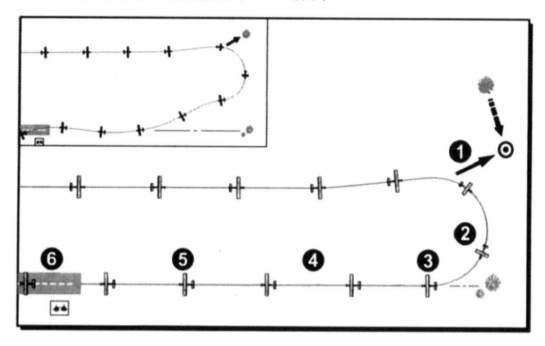

图 8－18　着陆过程

1.注意要让转弯时保持水平飞行

如果在改出之前的转弯中能始终保持水平飞行,在改出时就不会显得过于紧迫。在转弯过程中,若飞机能始终保持匀速飞行,而没有爬升或下降,转弯后就不会产生波状飞行,也就不会让你分神而无暇去为对准跑道做点碰修正动作了。

2.从转弯中彻底地改出

在找好一个适当的标志物并进行了水平转弯之后,一定要从转弯中彻底地改出以实现对准跑道的目标,从而达到减少修正次数的目的。

3.对准跑道

利用你自己作为参照物,将飞机作为一个整体来操纵对准跑道(换句话说,不要以机头是否对准跑道作为依据),一次只做一个点碰。

4.油门

如果一切都正常,决定何时让发动机进入怠速。

5.拉平接地

只要飞机在接触跑道前一切都已准备停当,剩下的就手到擒来了。

要点:水平转弯后改出。彻底改出后对准跑道。对准跑道后进行着陆。

8.6 接地过远与接地过近

8.6.1 复飞

如果你发现飞机有可能会越过跑道才能接地的话,应采取以下措施(见图8-19):

第一步:向拉杆方向点碰一下升降舵,以防止飞机触地。

第二步:加大油门以使飞机恢复爬升,并重飞一圈着陆航线。

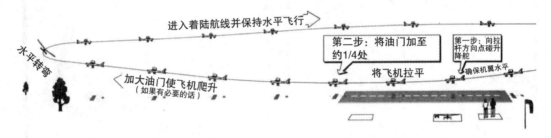

图8-19 复飞

注1:由于复飞的时候,飞机距地面的高度一般都比较低,所以,一定要先点碰一下升降舵以使飞机不再下降。如果此时只去增加油门的话,飞机就有可能来不及恢复水平飞行了,如图8-20所示。

图8-20 复飞和增加油门

注2:在离地面比较近时,在拉升降舵之前要先确保机翼水平,以防飞机转弯。只要机翼是水平的,即便你什么措施都不采取,让飞机撞到地上,飞机也还完全有可能不被损坏。

注3:刚开始要进入复飞的时候,油门只需加到约1/4处即可。一般情况下,不要一上来立即就把油门加到1/4以上。本来就事出意外,就不要在手忙脚乱的时候再加快节奏了。

注4:出现接地过远的情况以后,一般不要采用向下推升降舵的方法来作为挽救措施。否则,在俯冲中就会积累出多余的速度和升力,使得飞机最终还是逃脱不了越出跑道的结局。

总结:发现接地过远的时候,最佳处理方案就是复飞。

要点:复飞时,要在"拉平"之前先确保机翼是水平的。

8.6.2 接地过远与复飞

控制飞机永远优先于调整油门。首先要使飞机"稳定"下来别让它撞到地上,然后,再通过增加油门使飞机恢复爬升,如图8-21所示。

当出现接地过远时正确的矫正方法是:降低第三边(顺风边)和着陆组织航线的飞行高度,在更远的地方转弯或降低着陆航线,如图 8-22 所示。

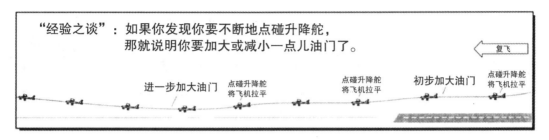

图 8-21　接地过远

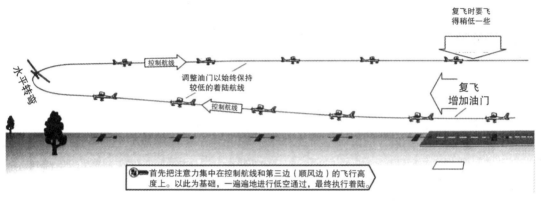

图 8-22　着陆组织航线的飞行高度

要点:控制航线(不要让飞机失去控制)总是优先于油门的调整。

复飞后,想矫正接地过远的一个最容易的方法就是改在更远一点儿的地方进行第四边(基边)转弯,再进行一次与上次一模一样的着陆组织,而只改变一点:转弯的时机,如图 8-23 所示。

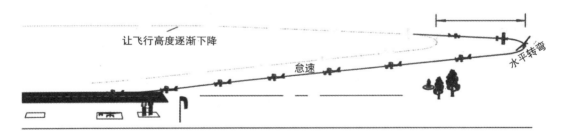

图 8-23　转弯的时机

实际上,组织着陆最通用有效的方法(适用于各种类型的飞机)是降低第三边(顺风边)及进近过程中的飞行高度。虽然刚开始的时候做起来比较难,但这样有两个好处:第一,更容易判断进入怠速的时机。第二,从怠速到接地之间的"空中距离"较短。因为到接地之前,飞机已经没剩多少飞行高度了,如图 8-24 所示。

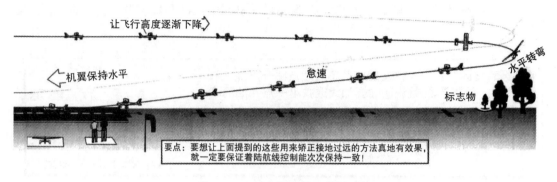

图 8-24　转弯的时机和参照物

8.6.3　接地过近的矫正

当飞机降落时出现接地过近时,采取带动力进近/定点着陆的方式,因为你清楚地知道跑道就在你的眼前,如果你根据飞机航线的下降情况发现飞机等不到飞到你面前之前就会接地,你可以利用拉升降舵的方法"延伸"到你的面前,亦即跑道上来,如图 8-25 所示。

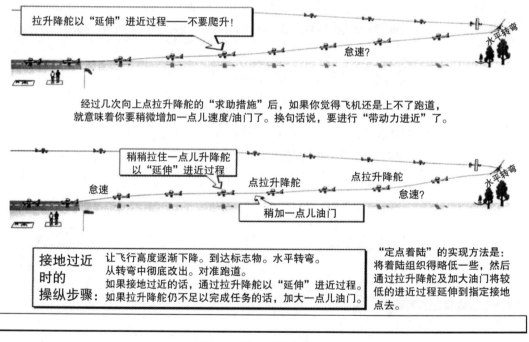

图 8-25　接地过近的矫正

要点:如果着陆时太近,够不到跑道上来,可以通过拉升降舵来"延伸"进近过程,但一定不能去爬升!

8.6.4　着陆拉平

拉平时的操纵过程(调整的幅度与次数)由于受到各种因素的影响,每次都各不相同。因此,你要根据每次拉平时的不同情况,因势利导。唯一的一个"经验之谈"是用于刚开始拉平那一刻的:当飞行高度距地面只有几尺的时候,首先拉一点点升降舵,并一直拉住它。然后,以此为基础,在整个拉平过程中,拉升降舵的幅度要一直不断地根据情况进行调整,直到飞机接地,如图 8-26 所示。

在拉平的过程中,你要"全力以赴,全面出击",也就是说,副翼/机翼的操纵以及航线控制操纵,必须与拉平操纵组合起来进行。

图 8-26　着陆拉平

8.6.5　拉平、拉飘、拉平过高与接地跳跃

1.拉平

飞机拉平的方法如图 8-27 所示。

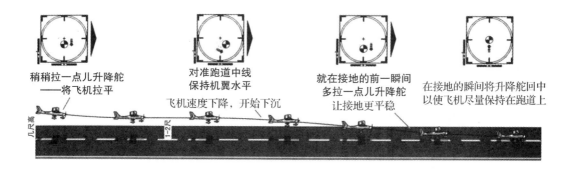

图 8-27　拉平

2.拉飘

出现拉飘主要是因为拉升降舵拉得太多,在第二次拉平时,有可能会不得不大幅拉杆。因为在爬升(拉飘)过后,会积聚出速度来,如图 8-28 所示。

防止拉飘的要点:在飞机距地面几尺时,拉住一点儿升降舵,开始拉平的过程。

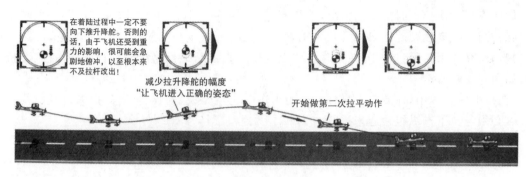

图 8-28 拉飘及其更正

3.拉平过高

拉平过高及其更正方法如图 8-29 所示。

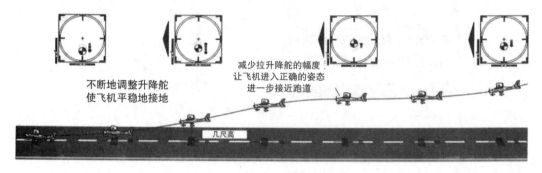

图 8-29 拉平过高及其更正

4.接地跳跃

在降落过程中时常会发生接地跳跃,产生这一现象的主要原因是拉平过晚或拉升降舵的幅度不够大,在第二次拉平时,有可能不得不大幅度地拉升降舵。因为在跳跃/爬升过程后会积聚出速度来,如图 8-30 所示。

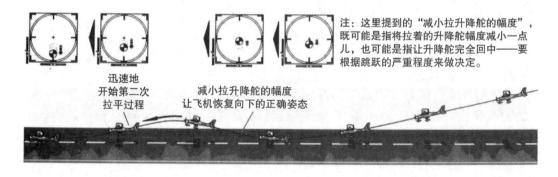

图 8-30 接地跳跃及其更正

防止接地跳跃的要点:不管拉升降舵的幅度有多大,都要不断地调整升降舵直至平稳地接地。

8.7　飞机进场着陆技巧

进场着陆是指模型飞机逆风进入着陆航线,依次飞行五条边和四个转弯,最后触地滑行至停车的过程。第四个转弯是最重要的一环,正确处理好这个转弯后的各种情形,进场着陆也就成功了百分之八十。

8.7.1　第四个转弯处的修正

模型飞机进场着陆在完成了最后一个 90°转弯进入第五边航线时,可能由转弯过度(或不足)造成机头偏向操纵者的身体前方飞行区域(或是操纵者身体后方区域)。这时应立即进行修正,使飞机对准跑道,并沿着一定的下降坡度滑向着陆地点。

8.7.2　右转着陆转弯过度(或不足)的修正

如果飞机右转过度,通常会是右翼偏低,机头偏向跑道中心线内侧,如图 8 - 31 所示。为了矫正机翼,应同时将副翼和方向舵杆推向左侧,使飞机停止继续右转,保持状态至飞机转回对准跑道。如果右转弯不足,通常会是机头偏向跑道中心线的外侧,纠正过程与之相反,如图 8 - 32 所示。

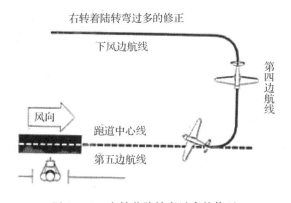

图 8 - 31　右转着陆转弯过多的修正　　　　图 8 - 32　右转着陆转弯不足的修正

8.7.3　左转着陆转弯过度(或不足)的修正

当遇到需要左转进场着陆时,你会觉得有些别扭。其实无需害怕,飞行前在脑海中反复预演几次,问题也就解决了。如果左转着陆转向过度,需将副翼和方向舵杆推向右侧来校正飞机的方向,如图 8 - 33 所示。如果左转不足,纠正过程与之相反,如图 8 - 34 所示。

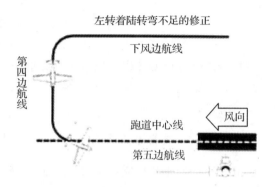

图 8-33　左转着陆转弯过多的修正　　　　图 8-34　左转着陆转弯不足的修正

8.7.4　第五边航线的修正

模型飞机现在已成功地对准跑道,进入了第五边航线。正常情况下,飞机将保持状态滑向着陆地点。但现实中情况往往变化多端,你需要第一时间作出判断。

1.风门的修正

模型飞机的动力就是高度。在第五边航线飞行中,如果发现飞机下降过快,将风门推大就可以增加高度。同样如果迎面有风,也应将风门推大以增加动力,防止失速;风越强,风门也应开得越大。

2.右转着陆偏离跑道中心线的修正

模型飞机成功对准跑道,但有时飞行航线并未与跑道中心线平行,这时需要将方向舵杆推向右侧,飞机就会往航线内侧方向靠近跑道中心线,反之亦然,如图 8-35 所示。

3.左转着陆偏离跑道中心线的修正

当模型飞机是以左转着陆方式进入第五边航线时,如果飞机是在跑道中心线的左侧,将方向舵杆推向右侧,反之亦然,如图 8-36 所示。

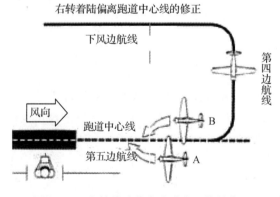

图 8-35　右转着陆偏离跑道中心线的修正

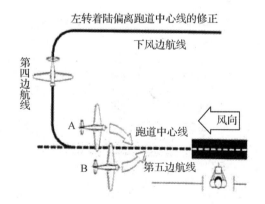

图 8-36　左转着陆偏离跑道中心线的修正

8.7.5　侧风状态下的进场着陆

侧风是遥控模型飞机进场着陆时最可怕的障碍,许多飞行事故都是侧风造成的。侧滑着陆可以解决这个问题,保证你的模型飞机安全落地。

1.右转进场着陆

如果侧风从模型飞机右边吹来,进场着陆的第四个右转要稍大于 90°,使飞机机头转过跑道中心线,带一定的右偏航角进入第五边航线。调整副翼和方向舵向右的杆量,使飞机保持在一定的右坡度和右偏航角状态下侧滑进场,如图 8-37 所示。侧风的速度和相对跑道的角度越大,飞机所需要的坡度和偏航角也越大。在侧滑进场过程中,随着风速和风向的变化,副翼和方向舵杆也应不断调整。如果飞机的右翼开始向上抬升,加大向右的副翼杆量,使右翼保持一定的下沉;如果飞机的右翼开始向下沉,则将副翼杆推向左侧,使右翼抬升。在模型飞机距触地点 5 m 左右时,交叉控制副翼和方向舵杆。保持副翼的右杆量,将方向舵杆推向左侧,使飞机在带右坡度的状况下,机身对直跑道中心线着陆。此时如果机头偏向航线内侧,则加大左方向舵杆量;如果机头偏向航线外侧,则减小左方向舵杆量。如果侧风从模型飞机左侧吹来,则操方法与上述相反,如图 8-38 所示。

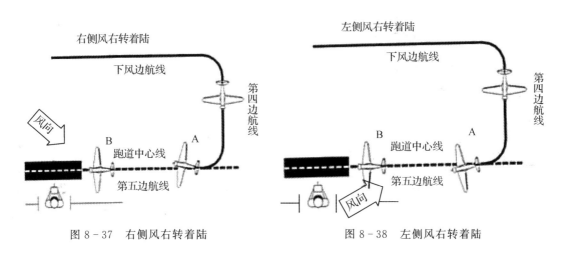

图 8-37　右侧风右转着陆　　　　图 8-38　左侧风右转着陆

2.左转进场着陆

又是一个你不习惯的进场方式,不用担心。飞行前反复预演多次这个着陆过程,实际飞行时你就不会怯场。如果侧风从模型飞机的右侧吹来,进场着陆的第四个左转要稍小于 90°,调整向右的副翼和方向舵杆量,使模型飞机在右坡度和右偏航角的状态下侧滑进场,如图 8-39 所示。如果飞机在侧滑过程中右翼开始向上抬升,加大向右的副翼杆量;如果飞机的右翼开始下沉,将副翼杆推向左侧。在模型飞机距触地点 5 m 左右,保持向右的副翼杆量,将方向舵杆推向左侧,校直飞机,带右坡度降落在跑道中心线上。反之亦然。地面训练是提高操纵者飞行技术的一个最安全、有效的途径。将飞机放在地上,通过在脑海中预演各个过程,双手反复练习这些技术,到实际飞行时,你会发现有事半功倍的效果。

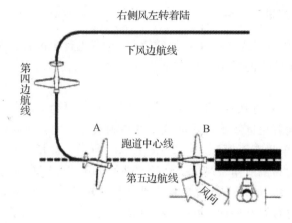

图 8 - 39　右侧风左转着陆

8.8　单飞的准备工作与几点要注意的问题

俗话说"懵懂生畏"。只有做到了全面理解,规划于前,才能取得充分的自信。首先一定要绝对保证飞机事先已调好平衡,并在飞行前进行过全面的飞前检查:要确保各个部件都已连接好,电池正常,发动机运转可靠。还要先在地面滑行一段,以确定没有零件松动,这样,单飞的时候就不用去担心设备会出什么问题了。应该清楚,实际上,有能力进行首次单飞已经不是问题了。每次你充满自信地在一定高度上进行着陆航线的飞行时,都是在展示你拥有的单飞所需技术。单飞实际上就是由从地面出发,最终又回到地面的一系列的着陆航线构成的,其组成无非是转弯和直线飞行而已。首次单飞所要解决的问题其实只是建立起你独立操纵的自信心罢了(同时还要克服常见的错误心理,以为着陆时的对齐跑道与热身飞行时低空通过的对齐跑道多少有些不同)。

选择一个弱风的日子。弱风的天气可以显著地减少飞行中进行航线校正的必要,从而提供给你更多的时间进行思考,让你觉得一切似乎都发生得慢了一些。弱风天气的唯一弱点是着陆进近过程会较长一些。因此,在成功起飞之后,应立即进入预定的着陆航线。不要让飞机飞起来之后就像无头的苍蝇一样到处乱飞,直到想要着陆的时候才想起着陆航线。那样就太晚了,因为你可能要反复飞上好几轮才能碰巧找到一个机会在跑道上着陆。(真正的"良辰吉日"是稍稍有一丝丝风,正逆着跑道吹,以有助于降低着陆进近过程的速度——从而减小出现接地过远的概率。)

一旦你按计划完成首次单飞以后,一定会明显地感觉到信心倍增,并觉得无比自豪。我们的目标就是要确保这一刻的到来。而完成首次单飞的捷径就是要把低空通过始终放在心上:一开始飞得稍高一点儿,然后一步步地逐渐降低第五边(逆风边)的飞行高度,最后瞅准机会,进入怠速,进行着陆。对于大多数人来说,只要完成了单飞,不管是着陆完成得十分完美,还是略有欠缺,只要能安全着陆,而飞机并无大碍,就都能获得同样的成就感。

要点:事先计划周详,有助于增强单飞过程中的自信。

8.9　总　　结

在学习飞机的飞行操作中降落(着落)是难点,也是我们学习的重点之一。

(1)第四边的进入方向也要结合风向考虑,确保进入第五边时要逆风,转弯点飞出来尽可能进入第五边上,调节好油门,控制好高度。

(2)根据高度和速度在第五边中后段拉平飞机,这时我们要一直注意飞机的下降航线一定要保持飞对跑道中心线,保持飞机油门在怠速。

(3)着陆时一直保持拉平(可以带小正角 1°~2°),但不要拉升降舵舵过大产生拉飘,导致失速。

(4)着陆时要使起落架主轮先接触地(前三点是后轮组,后三点是前轮组),防止出现飞机"拿大顶",这时可以保持升降舵拉杆量最大(起襟翼刹车作用),时刻监视方向舵的航向修正作用,直到机体停止运动。

8.10　项目实训

(1)练习建立降落航线标准。

(2)练习对航线第四边的控制,掌握对高度、速度、转弯点的要求,学会两面进场进入第四边航线飞。

(3)练习下降航线的飞机高度和速度判断、风门的修正要求。

(4)练习保持在下降航线的拉平技术。

(5)练习强化着陆接地到地面惯性滑跑控制要领。

(6)体会和学会处理航线与风因素对下降影响和判断。

8.11　课后习题

1.如何利用地面参照物作为参考点使飞机对准跑道飞行?

2.第四边(基边)转弯的参照物的选择要点是什么?

3.降低着陆航线的飞行高度与油门操作方法有哪些?

4.如何防止固定翼飞机在降落时出现拉飘和跳跃?

第9章 无人直升机

9.1 课前预习

📖 **在书上找到答案**

(1)无人直升机锁尾陀螺仪的作用和调整方法是什么?

(2)无人直升机的油门曲线和螺距曲线的调整方法是什么?

(3)无人直升机遥控器设置程序是什么?

(4)无人直升机旋翼头的特点是什么?

(5)无人直升机的调整和飞行的注意事项有哪些?

9.2 概 述

直升机是一种特殊的飞行器,无论什么级别的直升机,都遵循一样的物理学原理,本章所介绍的设置调试方法都可以作为通用的出发点。

本章所讲内容:

(1)无人直升机调试。

(2)无人直升机飞行操作。

9.3 无人直升机调试

9.3.1 尾旋翼设定

1.平衡仪简介

无人直升机飞行的基本原理是利用主旋翼可变角度产生反向推力而上升,跟着机身会产生反扭力作用,于是尾部便须加设一个尾旋翼,平衡机身,但怎样知道尾旋翼用多少角度来平衡机身呢,这就要用到平衡仪了。平衡仪可以根据机身的摆动多少,自动发出补偿讯号给伺服器,去改变尾桨角度,产生推力平衡机身。现在已发展出多种类型的平衡器,分别有机械式(见图9-1)、电子式、电子自动锁定式(见图9-2)。

图9-1 机械式平衡仪

图9-2 电子自动锁定式平衡仪

(1)机械式平衡仪。

优点:价格便宜,普通碰撞可以承受。

缺点:补偿速度慢,不能准确定位。

(2)电子式平衡仪。

优点:补偿速度快,轻微碰撞可以承受。

缺点:用电量大,不可接近于高温环境操作。

(3)电子自动锁定式平衡仪。

优点:补偿速度快,如配合 JR-2700G 伺服器,效果更佳,不须进行繁复的尾部调整,用电量少,准确锁定尾部方向。

缺点:不可接近于高温环境操作。

2.机械式平衡仪尾部设定

案例:FUTABA FP.G 153BB 二段模式。

机械式平衡仪可分为一段模式和二段模式,购买时须注意。下面介绍对其尾部的设定方法。

(1)按说明书安装好接收机及平衡仪的所有插线。

(2)开启摇控器及接收器电源。

(3)于摇控画面选 ATS REVO-MIX,按大约值 UP 30%,DWON 40%设定。

(4)尾部伺服器不要装上推捍,将摇控器右捍(控制油门及主桨)全向下 1[右推捍(控制油门及主桨)行程由下至上分为 1,2,…,9]。

(5)装上尾推捍,尾桨角度为 0°(调较推捍长短),收紧尾推捍,尝试由下 1 推上中 5,尾桨角度应约 20°,再推上 9,尾桨角度应为 25°～30°,如图 9-3 所示。

(6)平衡仪敏感度(NEUTRAL ADJUSTAL)开 65%～75%,如二段模式,第二段 50%(第二段模式对于新学习无人直升机新手来说是没作用的,因学习期间是不会往上空飞行,第二段模式是上空花式飞行时将敏感度减低,以免影响尾部剧烈摆动),于试飞时可再看情况调整,尾部强烈摆动,开小,尾部不够固定,开大。

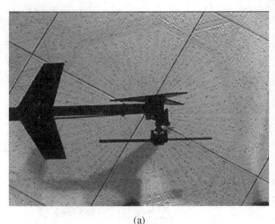
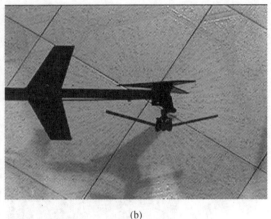

(a)   (b)

图 9-3 尾桨安装角

(a)0 °尾桨；(b)约 30°尾桨

(7)最后要确定平衡仪的方向有否弄错。尾部向右方的检查：先向左方摆动尾部，尾旋翼应减角度 0°或负角度。尾部向左方的检查与此相反。（通常经验告诉我们，若推油门令直升机离地时它在地上打转就是反转了，只要将平衡仪的方向掣（REV.SW）拨往另一面就好了。）

(8)试飞测试。由于学飞时直升机并未完全离开地面，所以测试不到尾部向哪方移动而作出修正。如按上述的设定，应该不会有太大的差距，只是要注意对平衡仪的敏感度作出适当的调较。

3.电子式平衡仪尾部设定

案例：JR1000。

其设定方法如下：

(1)同机械式平衡仪。

(2)开启摇控器及接收器电源，开启后待 7 s 才移动直升机（以免影响它自动侦测中位）。

(3)于摇控画面选 ATS REVO‐MIX 按大约值 UP 10%～20%，DOWN 10%～20%设定（由于电子平衡仪的反应很灵敏，大约值可减少）。

(4)同机械式平衡仪。

(5)装上尾推捍，尾桨角度要 0°（调较推捍长短），收紧尾推捍，尝试由下 1 推上中 5，尾桨角度应约 15°，再推上 9，尾桨角度应约 20°～25°。

(6)平衡仪敏感度（NEUTRAL ADJUSTAL）开 75%～85%，第二段 50%（于试飞时可再看情况调整，尾部强烈摆动，开小，尾部不够固定，开大）。

(7)同机械式平衡仪。

(8)同机械式平衡仪。

4.电子自动锁定式平衡仪尾部设定

分为两种模式：锁定式和正常式（与电子式操作一样）。

(1)锁定模式下的设定。

1)开启摇控器电源，选 REVO‐MIX，按值 UP 0%，DOWN 0%，STNT TRIM ＝0，GYRO ＝INH，TRIM RATE＝30%～50%，GEAR＋60，－60 设定。

2)平衡仪接线方法:OUT 驳尾伺服器,IN 插接收器 RUDD,GAIN 插接收器 GEAR(别忘了开启摇控器 GEAR 的功能)。

3)装上尾推杆(尾浆角度 30°,伺服器推角角度 90°),收紧尾推杆。

4)平衡仪敏感度开 50%(如用 JR2700G,敏感度开 0%)。

5)开启接收器电源,开启后待 7 s 才移动直升机(以免影响它自动侦测),摆动左摇控捍后停止,注意尾伺服器动作,它会极慢地移动,留意移动方向,用 SUB TRIM 调整,如移左调右,移右调左,数值由小至大。

6)设定大致完成,试飞时如尾部剧烈摆动,敏感度(NEUTRAL ADJUSTAL)开少,直至尾部不摆动为止,注意不可用摇控捍下的微调或摇控内的功能,修正尾部方向。(如使用锁定式于上空作花式飞行,须熟习它的特性。)

(2)正常模式下的设定(摇控按 GEAR 掣)。

1)同锁定模式下的设定。

2)同锁定模式下的设定。

3)同锁定模式下的设定。

4)同锁定模式下的设定。

5)开启接收器电源,开启后待 7 s 才移动直升机(以免影响它自动侦测)稍为离开地面,如尾部剧烈摆动,敏感度(NEUTRAL ADJUSTAL)开小,直至尾部不摆动为止,看尾部向哪一方移动,降落地面,调整尾推捍长短至不会移动为止。(注意不可用摇控内的功能调较尾部动作。)

9.3.2　油门曲线及螺距曲线调整

无人直升机的曲线可分为油门曲线和螺距曲线,如图 9-5 和图 9-6 所示。二者相辅相成,密不可分。每种飞行模式都有其独特的曲线,影响曲线的主要因素有机种、级数、主旋翼翼形、天候状况及个人的飞行习惯。一般的八动遥控器对于油门及螺距曲线都提供 5 个控制点,分别对应 0%(L)、25%(1)、50%(2)、75%(3)及 100%(H)。以下列出的数值仅供参考,你必须依照实际的需要作调整。

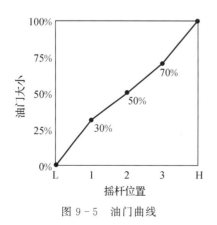

图 9-5　油门曲线

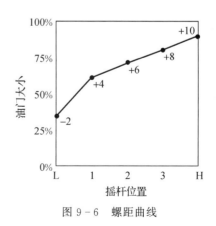

图 9-6　螺距曲线

1.标准曲线(NORMAL)

适用于停悬及静态飞行,重点是要使机体沉稳柔顺。调整时先决定停悬点(油门摇杆在1/2的位置)的螺距及主旋翼转速,转速的快慢依自己的习惯而定。

(1)调整停悬点。

螺距约在+6°,主旋翼转速约在 1 400 r/min。若停悬时油门摇杆低于 1/2 的位置,请降低油门或螺距曲线第 2 点的数值。

若停悬时油门摇杆高于 1/2 的位置,请增加油门或螺距曲线第 2 点的数值。若停悬时主旋翼转速过快,请降低油门曲线第 2 点的数值,并且增加螺距曲线第 2 点的数值。若停悬时主旋翼转速过慢,请增加油门曲线第 2 点的数值,并且降低螺距曲线第 2 点的数值。

(2)调整最高点。

螺距约在+10°。

先保持停悬的状况,然后把油门摇杆推到最高点。若机体上升快,但主旋翼转速变慢,则说明高速螺距过大,请降低螺距曲线 H 点的数值。

若机体上升缓慢且主旋翼转速变快,则说明高速螺距过小,请增加螺距曲线 H 点的数值。调整至机体上升速度适中,且主旋翼转速变化不大即可。

(3)调整最低点。

螺距约在-2°。

先将无人直升机保持停悬在适当的高度,然后把油门摇杆拉到最低点。若机体下降速度过快,则说明负螺距过大,请增加螺距曲线 L 点的数值。

若机体下降速度缓慢,则说明负螺距过小,请降低螺距曲线 L 点的数值。调整至机体下降速度适中即可。

(4)调整 1/4 及 3/4 点。

做静态动作时,油门摇杆几乎只在油门的 1/4 和 3/4 点处移动,所以油门及螺距曲线在此范围内仅作小幅度的变化,使得机体不会暴起暴落。建议您将副翼、升降舵及尾舵的大小动作比例(DUAL RATE)设为 70%,并适度地搭配指数曲线功能(EXP),可使动作更为轻柔精准。

2.急速提升(IDLE - UP 1)

适用于上空飞行,可做内筋斗、侧滚等动作。重点是要使机体轻巧灵活、加速凌厉。调整时主旋翼转速要略高于静态飞行,约在 1 600 r/min。

(1)调整最高点。

螺距约在+9.5°。

将飞行模式开关切至 IDLE - UP 1,如图 9 - 7 所示,把油门摇杆推到最高点,使无人直升机作高速直线前进飞行,并拉起机头做内筋斗。若主旋翼转速变慢,且冲力有下降的现象,则说明高速螺距过大,请降低螺距曲线 H 点的数值。若主旋翼转速变快,且有冲力不足的现象,则说明高速螺距过小,请增加螺距曲线 H 点的数值,如图 9 - 8 所示。调整至机体能顺畅地执行内筋斗,且冲力变化不大即可。

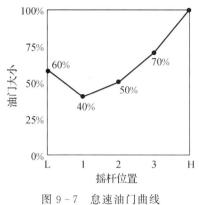

图 9 - 7　怠速油门曲线

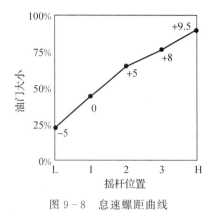

图 9 - 8　怠速螺距曲线

(2)调整最低点。

螺距约在 −5°。

使无人直升机作高速直线前进飞行,然后打翼作侧滚,当机体侧滚 180°时,油门摇杆在最低点的位置。若机体高度会上升,则说明负螺距过大,请增加螺距曲线 L 点的数值。若机体高度会下降,则说明负螺距过小,请降低螺距曲线 L 点的数值。调整至机体能流畅地执行侧滚的动作,且高度不会变化即可。

3.怠速提升(IDLE - UP 2)

怠速提升适用于 3D 花式飞行,重点是要使机体"静若处子、动如脱兔"。调整时主旋翼转速一定要快,约在 1 700 r/min。转速快的优点是停悬稳定、翻滚快速。但相对地转速快也会产生较大的振动,所以对机体结构一定要详加检查,确认各部位螺丝已锁紧。

(1)调整正飞停悬点。

螺距约在 +5°。

若停悬时油门摇杆低于 3/4 的位置,请降低油门或螺距曲线第 3 点的数值。若停悬时油门摇杆高于 3/4 的位置,请增加油门或螺距曲线第 3 点的数值。若停悬时主旋翼转速过快,请降低油门曲线第 3 点的数值,并且增加螺距曲线第 3 点的数值。若停悬时主旋翼转速过慢,请增加油门曲线第 3 点的数值,并且降低螺距曲线第 3 点的数值。

(2)调整最高点。

螺距约在 +9°,先保持正飞停悬的状态,然后把油门摇杆推到最高点。

若机体上升快速但主旋翼转速变慢,则说明高速螺距过大,请降低螺距曲线 H 点的数值。若机体上升缓慢且主旋翼转速变快,则说明高速螺距过小,请增加螺距曲线 H 点的数值。调整至机体上升速度适中,且主旋翼转速变化不大即可。

(3)调整倒飞停悬点。

螺距约在 −5°。

若停悬时油门摇杆低于 1/4 的位置,请增加油门曲线或降低螺距曲线第 1 点的数值。若停悬时油门摇杆高于 1/4 的位置,请降低油门曲线或增加螺距曲线第 1 点的数值。若停悬时主旋翼转速过快,请降低油门曲线及螺距曲线第 1 点的数值。若停悬时主旋翼转速过慢,请增加油门曲线及螺距曲线第 1 点的数值。

(4)调整最低点。

螺距约在 −9°。

先保持倒飞停悬的状态,然后把油门摇杆拉到最低点。

若机体上升快速但主旋翼转速变慢,则说明负速螺距过大,请增加螺距曲线 L 点的数值。若机体上升缓慢且主旋翼转速变快,则说明负速螺距过小,请降低螺距曲线 L 点的数值。调整至机体上升速度适中,且主旋翼转速变化不大即可,如图 9-9 和图 9-10 所示。

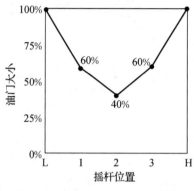

图 9-9　IDLE-UP 2 油门曲线

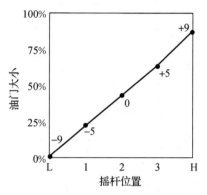

图 9-10　IDLE-UP 2 螺距曲线

4.油门锁定

油门锁定是为了执行熄火降落的动作,所以没有油门曲线,只有螺距曲线。

(1)调整最低点。

螺距约在-4°。

先保持上空飞行的状态,把油门摇杆拉到最低点,随即将油门锁定开关切到 ON 的位置。若机体下降速度过快,则说明负速螺距过大,请增加螺距曲线 L 点的数值。若机体下降速度缓慢,则说明负速螺距过小,请降低螺距曲线 L 点的数值。调整至机体下降速度适中,且主旋翼转速不会急遽减慢即可。

(2)调整中立点。

螺距约在+5°。

当机体降至离地 3 m 高左右时,把油门摇杆由最低点稳定地推向中立点。若机体下降速度过快,中速螺距过小,请增加螺距曲线第 2 点的数值。若机体急速停止下降,则说明中速螺距过大,请降低螺距曲线第 2 点的数值。调整至机体能缓慢且持续的下降即可。

(3)调整最高点。

螺距约在+12°。

最高点其实应该用不到,正常的熄火降落动作,在油门摇杆推至 3/4 位置前,已经安全降落了。油门锁定螺距曲线如图 9-11 所示。

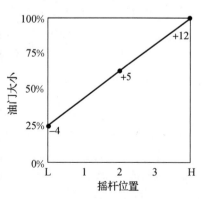

图 9-11　油门锁定螺距曲线

油门及螺距曲线会因直升机品牌、引擎、主旋翼及个人的飞行习惯不同而有所差异。相同的配备会因曲线调整的不同,而产生极大的差异。直升机不仅组装要认真,事后的调整工作也千万马虎不得。

本小节所列的各种曲线数值,仅供参考用,重点是曲线的形状,而不是数值。意即在什么样的飞行场合,多少度的螺距应该搭配多少的功率输出,可使主旋翼的转速多快,再配合怎样的飞行手法,才可调整出合用的曲线,都需要飞手自己摸索。所以没有标准的曲线,只有合用的曲线。

9.3.3　遥控器设置流程

相较于无人直升机的组装,遥控器的设置算是难度较高的部分。不同的遥控器功能名称会有些不同,当然使用与设置方式也会不一样,以下就基本的设置流程来介绍遥控器的相关设置,如图 9 - 12 所示。

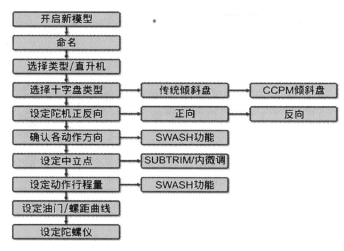

图 9 - 12　遥控器设定流程

1.打开遥控器,在界面开启新模型

建立新的无人直升机时,遥控器要重新开启一组新的模型,避免使用拷贝的方式来建立模型,如图 9 - 13 所示。

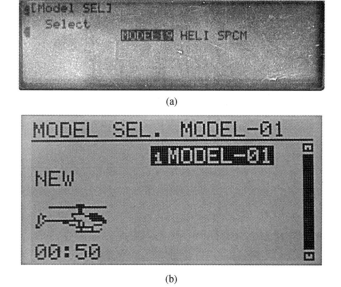

(a)

(b)

图 9 - 13　遥控器屏显

2.遥控设备命名

新模型命名要用便于自己分辨、记忆的名字,当模型数量多时才不会搞混。一般来说都是以无人直升机的型号名称来命名,如图9-14所示。

(a)

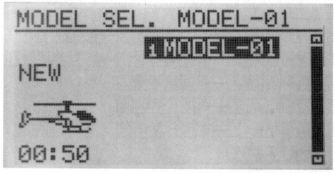

(b)

图 9 - 14　遥控设备命名

3.选择模型类型

遥控飞行器有许多种类,如飞机、直升机、滑翔机等,因为不同模型会有不同的功能设置,所以遥控器就把各模型会用到的功能群组起来,让飞手在设置上可以更为方便,如图9-15所示。

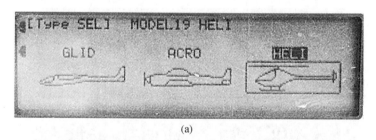

(a)

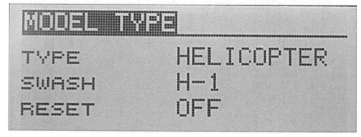

(b)

图 9 - 15　选择模型类型

4. 设定倾斜盘类型

无人直升机所使用的倾斜盘类型有许多种，亚拓系列的直升机采用 120°CCPM 倾斜盘设计，如图 9－16 所示。FUTABA 系统使用 HR－3 类型。

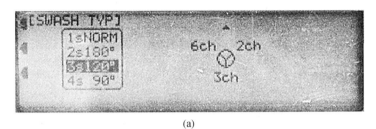

(a)

(b)

图 9－16　设定倾斜盘类型

倾斜盘类型如图 9－17 所示。

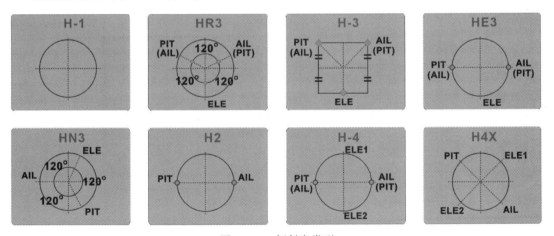

图 9－17　倾斜盘类型

5. 设定舵机旋转方向

舵机经过遥控器 CCPM 混控后，无人直升机舵机的动作为三颗服务器一起完成的，所以需要此功能来调整动作。如果你是使用电动无人直升机并且遥控器为 FUTABA 系统，那么油门选项必须设为 REV(反向)，如图 9－18 所示。

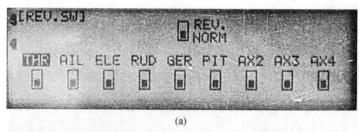

(a)

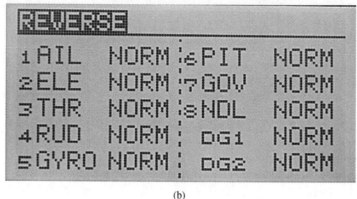

(b)

图 9 - 18 设定舵机旋转方向

6.设置舵机动作方向

舵机正反向设置完毕后,某些动作的方向可能是反的,这里需要使用 SWASH 功能来调整动作的方向。数值前面会有"+""-"表示方向,如图 9 - 19 所示。

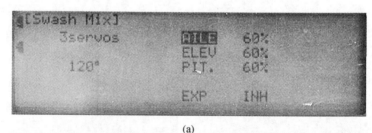

(a)

SWASH   1/5

NEUTRAL   AFR

POS   50 %   AIL   +50 %

                ELE   +50 %

                PIT   +50 %

(b)

图 9 - 19 设置舵机动作方向

7.设置舵机中立点

该功能是要校正倾斜盘的水平与螺距行程的 0°。机体方面的设置重点,就是舵角片要水平,和连杆成 90°角,如图 9 - 20 所示。

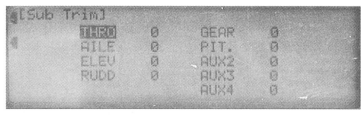

(a)

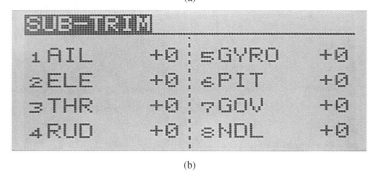

(b)

图 9 - 20　设置舵机中立点

8.设置动作行程量

设置集体螺距与循环螺距行程,如图 9 - 21 所示。

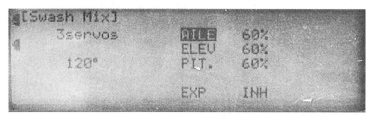

(a)

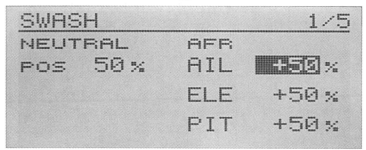

(b)

图 9 - 21　设置动作行程量

9.3.4　无人直升机机体设置

在无人直升机安装完毕后,接下来的工作就是要搭配遥控器来完成无人直升机的设置,也就是说遥控器的设置与无人直升机机体设置是同时进行的。前面已经初步讲解遥控器的设置,下面就来讲解机体方面的设置重点。注意:设置时电机线先不要与电子调速器连接。

1.确认动作是否正确

推动遥控器油门遥杆并且观察倾斜盘运作方向,如果某颗舵机动作方向与其他两颗相反,那么从遥控器的舵机正反向功能把该颗舵机动作设为反向,如图9-22所示。

(a)

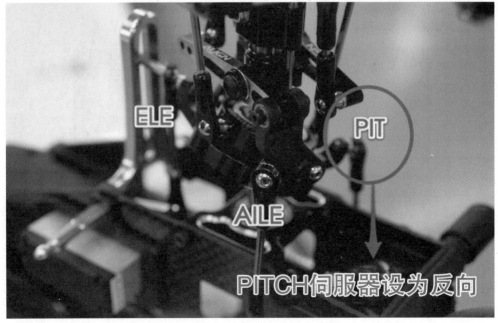

(b)

图9-22　推动遥控器油门遥杆并且观察倾斜盘运作方向

2.调整倾斜盘动作方向

舵机正反向设置完毕后,某些动作的方向可能是反的,这里需要使用SWASH功能来调整动作的方向,如图9-23所示。

(a)

(b)

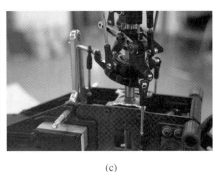
(c)

图 9-23　调整倾斜盘动作方向

3.调整无人直升机机械中立点

把所有摇杆置中,此时舵角片必须是水平的并与连杆成 90°。另外,倾斜盘也要是水平状态,这里可以用遥控器内微调来调整,如图 9-24 所示。

(a)

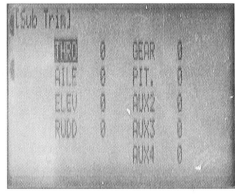
(b)

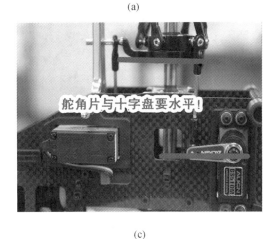
(c)

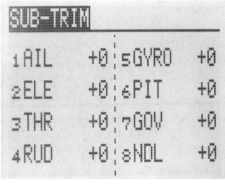
(d)

图 9-24　调整直升机机械中立点

4.确认螺距 0°

遥控器摇杆维持置中位置,调整旋翼头连杆让螺距角度为 0°,这时需要使用螺距规来量旋翼角度,如图 9-25 所示,调整连杆长度时,两边对称的连杆要同步调整。

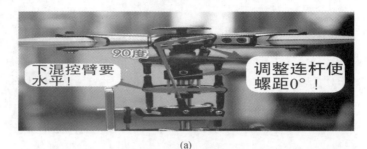

(a)

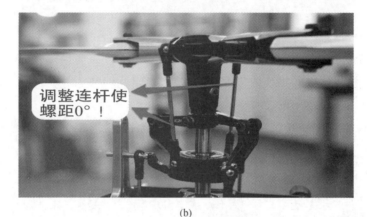

(b)

图 9-25　调整旋翼头连杆

5.设置动作行程量

使用遥控器 SWASH 功能来调整各动作行程量,调整重点在于不能让动作过大产生干涉。一般来说,集体螺距建议设置在 $10°\sim12°$ 上下,如图 9-26 所示。

(a)

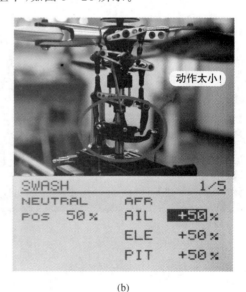

(b)

图 9-26　使用 SWASH 功能来调整各动作行程量

6.尾舵设置重点

设置尾舵时有两个地方要注意,当陀螺仪抓取中立点时,舵角片要与拉杆成 90°;滑套必须要在尾轴的中间点位置,也就是所谓的机械中立点,如图 9－27 所示。

(a)

(b)

图 9－27　尾舵设置重点

7.高级设置

螺距与油门的搭配是遥控无人直升机里面相当重要的一环,我们可以把两者想象成汽车的油门与换挡变速的关系。油门与螺距搭配必须要在合理范围内才可以让无人直升机有最佳的飞行效率。在曲线设置方面,一般会有 5～7 点的设置点,分别对应油门摇杆的相对位置,如图 9－28 所示。

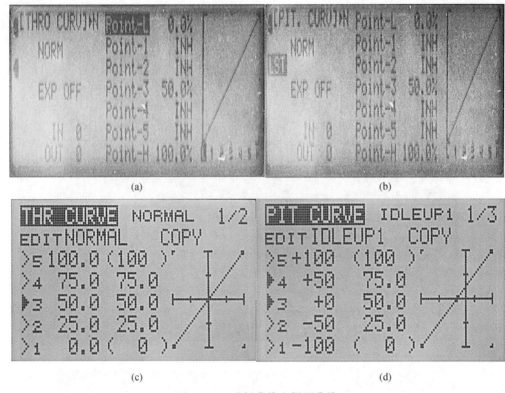

图 9 - 28　油门曲线和螺距曲线

（a）（b）油门曲线；（c）（d）螺距曲线

8.飞行模式的设置

遥控无人直升机的飞行模式分为一般飞行模式和特技飞行模式两种,其设置方法和油门曲线分别如图 9 - 29 和图 9 - 30 所示。

GENERAL FLIGHT 一般飞行模式

	Throttle 油门	Pitch 螺距
5	100%High speed 100%高速	+12°
4	85%	
3	65%～70%Hovering 65%-70%停悬	+5°～+6°
2	40%	
1	0% Low speed 0%低速	-2°～0°

（a）

IDLE 2:3D FLIGHT

	Throttle 油门	Pitch 螺距
5	100% High 100%高	+12°
3	85～90% Middle 85～90%中	0°
1	100% Low 100%低	-12°

（b）

图 9 - 29　飞行模式设置

（a）一般飞行模式；（b）特技飞行模式

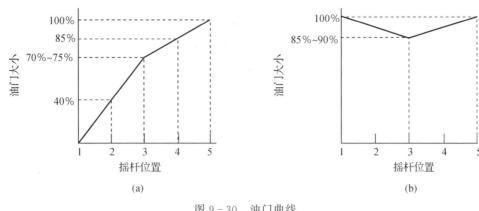

图 9 - 30　油门曲线

（a）一般飞行模式；（b）特技飞行模式

9. 陀螺仪感度设置

不同的机型、不同的旋翼转速对应不同的陀螺仪感度值，正确的感度值搭配会让尾舵发挥最佳的效果。当然你还必须了解转换到不同飞行方式时，陀螺仪感度也要跟着变换，如图 9 - 31 所示。

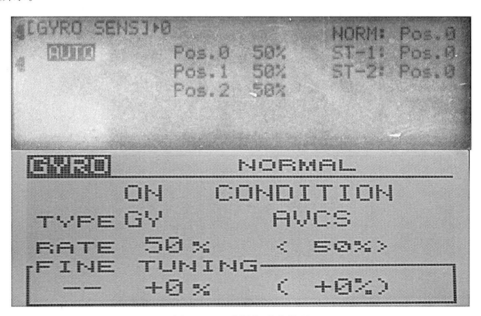

图 9 - 31　陀螺仪感度设置

10. EXP 与 D/R 的设置

EXP 功能主要是影响动作中立点位置的输出反应。EXP 功能不会影响舵机的总行程量大小，如图 9 - 32 所示。

D/R 功能可以改变舵机的行程量，影响舵机的输出。因此，减小 D/R 值将会减少频道输出的行程量，如图 9 - 33 所示。

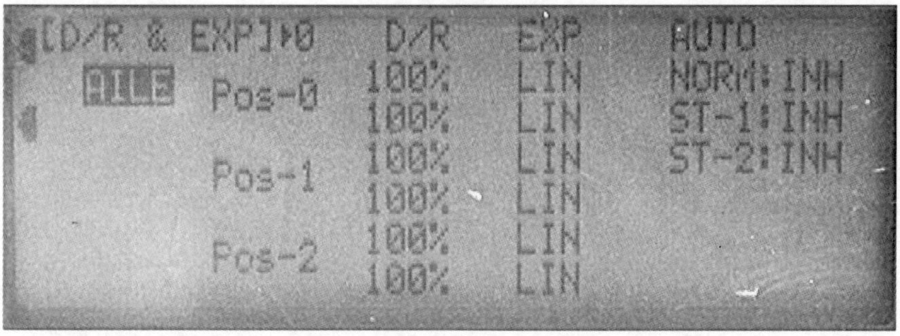

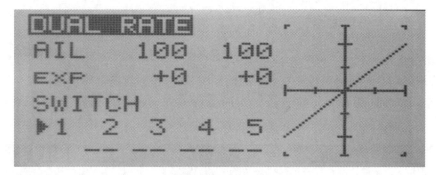

图 9 - 32　EXP 与 D/R 的设置(一)

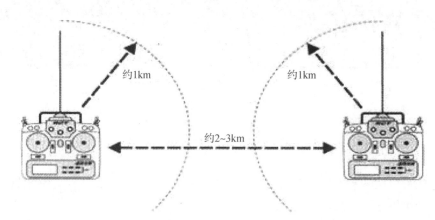

图 9 - 33　EXP 与 D/R 的设置(二)

9.4　无人直升机飞行操作

9.4.1　准备

首先,为了避免发生意外伤害事故,请一定要找一处十分空旷,并且没有人活动的场所,而且周边 2～3 km 内没有其他飞手使用和你相同频率的发射机,如图 9 - 34 所示。开机时,必须先开启遥控器再开动无人直升机;关机时,必须先关闭无人直升机再关闭遥控器,如图 9 - 35 所示。

图 9 - 34　确认 2～3 km 内没有其他同频率发射机

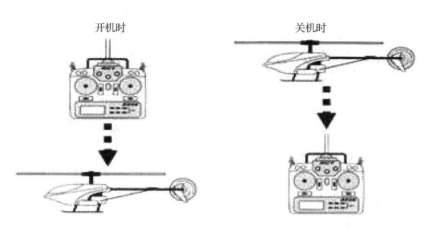

图 9-35　关机和开启遥控顺序

9.4.2　飞行前的准备工作

首先,以电动启动器来启动发动机,但在发动机发动之前,有些事情是必须要先检查确认的。

发射机和接收机用的电池是否已确实充满电了? 如果没有,请停止练习! 请用充电器对发射机和接收机用的电池进行充电。不管是发射机或接收机用的充电电池,在要充电之前必须先放电,这样不但对电池本身寿命有帮助,而且可拥有较好的充电质量。

将无人直升机用燃油(一般内含 15%～30% 硝基甲烷成分)以加油泵灌入油箱。

接下来,先打开发射机的电源开关,再打开接收机的电源开关,如果你的无人直升机上面装的陀螺仪是压电式,请等几秒种,让它换到中立点,进入有效的工作状态,然后拨动发射机上的两支摇杆,查看各舵面的反应动作是否正常,接着把火星塞接上 1.2～1.5V 的供应电源。然后用左手紧握着主旋翼夹头,确认发射的油门摇杆是在最低速位置(最下方),油门微调处在低速的位置上(一般都在中央)。

然后,确定启动器的启动棒已插入机体的启动棒接孔,用右手紧握启动器,按下电源开关开始发动发动机。

在这里要特别注意的是,如果发动机已经发动,抓住主旋翼夹头的左手就绝对不要松开,因为已在旋转的主旋翼会使人的手受伤。如果不留心松开左手导致主旋翼开始转动,不要慌张,赶快把接在发动机油器上的燃料油管拨掉,这样就可以使发动机在最短的时间内熄火,使主旋翼不再转动。

9.4.3　青蛙跳练习操控方法

如果现在要飞的是一架已经做过适当调整的机体,那么请试着让它慢慢浮离地面吧。

首先一定要让机头对着风头的方向,而人要站在机尾的方向,如图 9-36 所示。这样做的目的是要让机体尽可能不受到外界风力的影响而安定,而站在机尾后面看机体的动作反应,刚好跟我们摇杆的打舵动作同方向,不会搞乱方向。

图9-36 青蛙跳练习操控方法

这时请确定机体与地面保持水平状态(也就是说,不要把机体放在斜坡上)。然后缓缓把油门摇杆往上推,此时,固定主旋翼的螺丝可以不用锁紧,要让主旋翼能稍微活动。之所以不要锁死主旋翼,是因为转动时,主旋翼受到离心力,就会自动甩直,达到正确的工作位置,如果锁死,反而会让主旋翼没有办法拉成直线状。

随着发动机的声浪的升高,当油门摇杆从最下方推到将近中央位置时,应该感觉到机体似乎快要浮离地面了。这时候再稍稍往上推一下油门摇杆,让机体离地,然后立刻将油门摇杆慢慢往下拉。刚才的动作是一开始学飞无人直升机时的初期动作,而且要先不断地重复操作这个上下跳的动作,如图9-37所示,而这种动作被称作"青蛙跳"。青蛙跳是学飞直升机的必经之路。

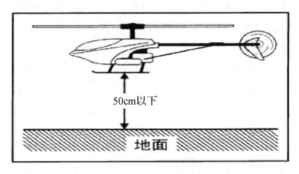

图9-37 青蛙跳高度

青蛙跳时请注意机体的姿态,如果机体一直向前跳,那么请把升降舵的中立点微调下拉。反之,如果机体向后跳,那就把升降舵的中立点微调向上推。

观察左右跳的方向,如果向左跳,那就把副翼微调往右扳。反之,如果向右跳,那么就把副翼微调往左扳。

接着再来观察尾舵在机体离开地面时的动向,如果是向左甩,那就把尾舵微调往右扳,反之,如果是向右甩,那就把尾舵微调往左扳,如图9-38所示。

在练习过程中,请不要把机体升离地面超过50 cm,如果超过这个高度,并突然快速拉下油门的话,你的飞机绝对会从"青蛙"变成"一堆废

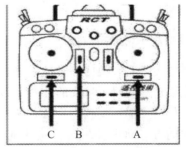

A—副翼微调
B—升降舵微调
C—方向舵微调

图9-38 尾舵微调

铁"。不要忽视"青蛙跳"的练习,它能让你在安全的情况下,逐渐练就顶尖技术。

由于飞行的外界环境变化,例如风势强弱导致机体姿态的变化,因此微调经常调整是很正常的。以上的微调修正动作一直要进行到机体几乎能直直地在原地上下跳为止。

在练习过程中,不要让机体飞到膝盖以上的危险高度。请把油门摇杆慢慢往下拉的操作牢牢记在脑中,并把无人直升机浮离地面的恐怖感转变成快感。如此不断地浮起、降下,重复,再重复地练习。

9.4.4　延长悬空时间

前面说的只是在做跳离地面瞬间的调整控制,那么接下来要渐渐拉长机体悬浮在空中的时间,并在此同时试着去操作控机体的飞行动作。除了刚才的油门控制之外,副翼、升降舵、尾舵的动作更要去尝试控制,观察反应情况。

如果机体往前飞的话,就把升降舵的摇杆向下扳(上舵),反之就把摇杆向上推(下舵)。如果是往左飞,就把副翼摇杆向右扳,反之就向左扳。如果尾舵往左跑,就把摇杆向右扳,反之则向左扳。

9.4.5　青蛙跳练习中常见故障排除

前面介绍了青蛙跳的飞行重点,即使很小心地练习,无人直升机还是会在练习过程中损坏,只是程度不同。

通常,尾管轻微弯曲变形算是小程度的损坏。如果机体曾翻倒,那大程度的损坏是必然的,例如:管破裂、主旋翼破损断裂、平衡杆弯曲、平衡片破裂、主旋翼夹头的控制臂弯曲、主轴弯曲、横轴弯曲、混控剪形臂及各位杆弯曲断裂、尾轴弯曲等。

碰到机件破损断裂的时候,唯一的途径就是更换新配件。如果是弯曲变形的话,在不影响飞行性能及飞行安全性的情况下,可以想办法把它修好。

机件有没有完全损坏或断裂通常用眼睛从外观上就可以分辨。有的机件光从外观是不容易马上看出问题的。例如,木制主旋翼裂开时,最好能用手将它稍微弄扭曲一下,如果该主旋翼有小裂痕,这时候就可以很容易地被看出来。

1. 主轴

如果主轴是大幅度的弯曲,只要转动主旋翼头就可以看到主轴中心点呈绕圈状地歪来歪去晃动。但如果主轴是微小幅度的弯曲,则需要拆下主轴,把它放在平板(如玻璃)上,以滚动的方法来检查。如果该主轴已经弯曲,那么它在平板上的滚动会跳动不滑溜,或者滚动的路线朝某一方向偏斜。一支笔直精准的主轴,当它放在平板上滚动时整个圆柱体的表面始终都能紧贴平板。

一旦发生摔机,请拆下主轴检查。请特别注意,一架主轴弯曲的直升机,将直接影响到主旋翼的效率,使飞行性能变差,机体剧烈地抖动,使设定变成无意义,压重时甚至飞不起来。

2. 横轴

当横轴大幅度弯曲时,可以从主旋翼夹头歪一边看出,但建议还是拆下来检查,而检查的方法跟主轴是相同的,同样地,弯曲的横轴会使主旋翼的效率变差。

3. 尾轴

就好像主轴一样,当尾轴弯曲的幅度很大时,只要转动尾旋翼头,就可以看到整个尾旋翼头在绕圈地摆动。切记不要偷懒,拆下轴心在平板上仔细检查。弯曲的尾轴将使尾旋翼的效率降低,并引起尾部的剧烈震动,这对于机体的控制将会有极大的影响。

4.尾管

弯曲度极大或断裂的尾管很容易鉴别,应直接更换新品。

碰到尾旋翼采用轴传动方式的机体,弯曲的尾管将使得内部转动轴不能准确地直线传动,如果继续使用,极容易因为弯曲受力导致传动轴突然断裂,尾舵便无法控制了。重新安装尾管时要注意的是,如果尾旋翼是皮带传动系统,则皮带的张力松紧度要调整恰当。

5.平衡杆

细细的平衡杆一旦受到撞击,往往弯曲得很厉害。

平衡杆两端锁着平衡片,弯曲的平衡杆必然会影到平衡片的作用,使飞行操控性能变得极差。

6.平衡片

平衡片已经破裂就请更换新品吧。但目前常见的平衡片多用尼龙树脂材料实心做法。这种平衡片的强度较大,因此,若是在青蛙跳的非激烈撞击的情况下受损,多半仅仅是边角的小部分轻微折裂,碰到这种情况,可以把折损的部分切除。但要注意切除之后,左右两片的形状及重量要完全相同。

重新安装平衡片时应注意以下几点:

(1)平衡片翼型中心线与十字盘平面中心线互相平行。

(2)左右两片平衡片的翼型中心线要互相平行。

(3)左右两片平衡片与主旋翼头的距离要相同。

7.拉杆

这里所说的拉杆,指的是各种不同作用的控制拉杆。纤细的金属拉杆受到撞击拉扯,便极易弯曲,有时候拉杆末端的拉杆头甚至在剧烈拉扯中脱落或变形。

更换拉杆的基本原则就是保持原来的长度尺寸,但如果不知道原来的长度尺寸,可先把弯曲的拉杆尽可能地恢复原状,这样就可以测量出原来的长度,当拉杆更换完毕之后,别忘了要检查关节连接处的活动是否顺畅。

8.混控剪形臂

已经断裂的混控剪形臂就直接更换新品,千万不要企图用胶水把它粘起来,因为在实际飞行时混控剪形臂会承受极大的负荷,极易再次断裂。

弯曲的混控剪形臂最容易影响十字盘的位相准确度,位相失准的结果将会导致动作方向的偏斜。

9.传动机构

在这里所谓的"传动机构",并不指特定的部位,而是泛指所有跟控制传动有关的机构。由于机体坠落时会带来极大的拉扯力量,因此必然使互相牵连的传动机构发生变形、断裂、虚位等故障。检查的方法是让所有的机构活动起来,看看机件之间是否出现不正常的互相碰撞干涉。如果有的话,一定要完全予以排除。

9.4.6 修理后的注意事项

修理之后的成果当然需要经过实际飞行来检验。基本的微调修正与机械调整当然也是免不了的。不过,在这里要特别强调最容易被忘记的主旋翼螺距。以一般初学入门的 30 级无人直升机来说,把射机的油门摇杆推到中速位置(正中央)时,主旋翼螺距标准约是 $5.5°\sim6°$,进行这项测量动作之前,请先准备好螺距测量尺。

开启电源进行修理调整之后,千万别忘了对电池充电。往往机体一修理完就急着至飞场试飞,结果却是因为电池没电而摔机。

至于机体的调整重点,建议仔细阅读说明书有关的设定资料,并去了解什么是 ATV、EXP 正逆转,微调 lDLE UP 螺距曲线,油门曲线等的意义。

9.4.7　无人直升机着陆练习

(1)常保持机体与地面完全平行,呈现垂直于地面的起降姿态,并注意着陆的动作。

(2)让机体慢慢地上升,慢慢地着地。

(3)让机体呈稍微往前滑行的方式着陆。如果能够做到保持垂直姿态的话,就没这个必要。

(4)逆风飞行(机头迎着风吹来的方向)。

9.4.8　悬停到移动练习

站在无人直升机的正后方,让机体慢慢上升到一定高度后悬停,然后慢慢地先向右侧移动约 5 m,保持机体既有的方向,这时候你就能看到机体左侧面,并且在这个位置上让机体静止,如图 9-39 所示。接下来,再开始慢慢地向左侧移动约 10 m,再次让机体静止,这时候你已经看到一大半的机体右侧面了。

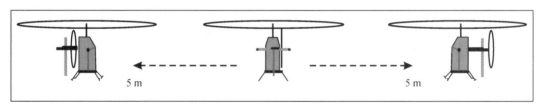

图 9-39　移动直升机

接下来,再把机体横移到距离自己约 20 m 处的位置。这时候机乎已经可以完全看到机体的整个侧面了,如图 9-40 所示。

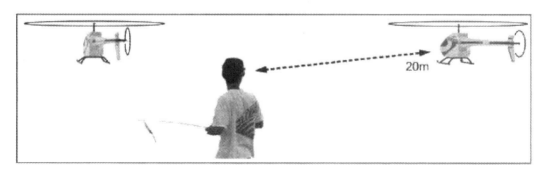

图 9-40　看到机体的整个侧面

9.5 总 结

遥控操作无人直升机的机理和以前学过的多轴飞机、固定翼飞机操作有近似的地方,也有不同的地方,我们在学习操作要领和实训飞行的时候应仔细分析出属于它的特色的地方,以便快速掌握其控制方法。在控制无人直升机时有几个难点要多下功夫,如高空定点悬停,4方位悬停,航线飞。在直升飞机遥控调参数的时候做到标准式调参,这样可以应用到不同的遥控器。

9.6 项 目 实 训

(1)低空交接飞机控制权,顺利完成学生自己控制飞机,以先找控飞机的感受。
(2)低空(1 m左右)的悬停和侧移的转变,保持熟练掌握空间位置的变化。
(3)中高空的悬停的适应练习。
(4)做好安全稳定的无人直升机定点着陆练习,做到如羽毛般轻盈落地,做到机体不倾斜、不弹跳。

9.7 课 后 习 题

1.简述遥控器设置流程。
2.如何进行油门曲线及螺距曲线调整?
3.无人直升机青蛙跳练习操控方法基本要求有哪些?
4.无人直升机练习中常见故障有哪些?

第10章　无人机飞行操控

10.1　课前预习

📖 **在书上找到答案**

(1)固定翼无人机飞行操作有哪些?

(2)直升机悬停操作的步骤和注意事项有哪些?

(3)多旋翼无人机曲线飞行有几种方式? 如何操作?

(4)自主飞行的弊端有哪些?

(5)多旋翼无人机降落和着陆有什么区别?

10.2　概　　述

飞行摇杆具有姿态遥控和舵面遥控功能。实际飞行中,飞行摇杆的舵面遥控功能极少使用。

外部控制器具有姿态遥控和舵面遥控功能。

本章主要内容:

(1)掌握固定翼无人机的基础操作。

(2)熟练掌握多旋翼无人机的基础操作。

(3)熟练掌握多旋翼无人机编队飞行。

10.3　固定翼飞行操作

10.3.1　飞行基本动作

1.地面滑行

地面滑行的目的是让飞机达到起飞的初始速度,让飞机顺利起飞,以及降落的时候让飞机停在指定的位置。

地面滑行主要由起降操作手执行。主要通过左右控制方向舵摇杆操纵。往往我们将起落架的方向轮与方向舵用同一舵机来控制,控制无人机滑行的方向与控制方向舵的手法一致;在大型的固定翼无人机上我们一般会用一个独立的舵机来控制起落架方向轮,这时候需要将此舵机与垂直尾翼舵面舵机混控,操作手法与方向舵的控制方式相同。

2.爬升

爬升主要由飞行操作手执行。各高度爬升均保持节风门在100%。

爬升时保持飞行状态的方法与平飞基本相同,其特点如下:

(1)根据地面站地平仪位置关系检查与保持俯仰状态。根据当时的飞行高度将俯仰角保持到理论值(如+2°),使用姿态遥控控制。如俯仰角高或低,应柔和地向前顶杆或向后带杆,保持好正常的关系位置,如图10-1所示。

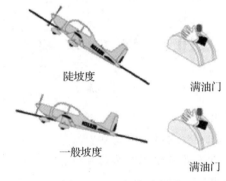

陡坡度　　　　　　　满油门

一般坡度　　　　　　满油门

图 10-1　爬升示意图

(2)大型、小型无人机爬升时,油门较大,螺旋桨扭转气流作用较强,左偏力矩较大,必须适当扭右舵,才能保持好飞行方向。

(3)爬升中,如速度变小太多应迅速减小俯仰角。

(4)长时间爬升,发动机温度容易过高,要注意检查和调整。

3.定高平飞

平飞主要由飞行操作手执行。各高度平飞均保持节风门在适当位置(如45%)。

平飞时应根据界面上地平仪位置关系,判断飞机的俯仰状态和有无坡度;根据目标点方向,判断飞行方向;不断检查空速、高度和航向指示;同时观察发动机指示。了解发动机工作情况,如图10-2所示。

图 10-2　平飞姿态

平飞时,作用在飞机上的各力和各力矩均应平衡。飞机的平衡经常受各种因素的影响而被破坏,使飞行状态发生变化。飞行中,应及时发现和不断修正偏差,才能保持好平飞。其主要方法是:

（1）根据地平仪位置关系检查与保持俯仰状态。根据当时的飞行高度将俯仰角保持到理论值，使用姿态遥控控制。如俯仰角高或低，应柔和地向前顶杆或向后带杆，保持好正常的位置关系。

（2）根据飞机标志在地平仪天地线上是否有倾斜来判断飞机有无坡度。如有坡度，向影响飞机倾斜的反方向适当压杆修正。飞机无坡度时，注意检查航向变化。如变化较大，应向反方向轻轻扭舵杆，不使飞机产生侧滑。

（3）根据目标点方向与飞机轨迹方向，检查与保持飞行方向。如飞机轨迹方向偏离目标点，应检查飞机有无坡度和侧滑，并随即修正。如果轨迹方向偏离目标 5°以内，应柔和地向偏转的反方向适当扭舵杆，当轨迹方向对正目标点时回舵；如偏离目标超过 5°，应协调地适当压杆扭舵，使飞机对正目标，然后改平坡度，保持好预定的方向。

（4）由于侧风影响，会使飞机偏离目标。此时，应用改变航向的方法修正。

4.下降

各高度下降均保持节风门在适当位置，如图 10 - 3 所示。

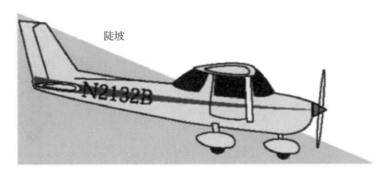

陡坡

N2132B

图 10 - 3　下降中的飞机

下降时保持飞行状态的方法与平飞基本相同，其特点是：

（1）根据地平仪位置关系检查与保持俯仰状态。根据当时的飞行高度将俯仰角保持到理论值（如 −3°），使用姿态遥控控制。如俯仰角高或低，应柔和地向前顶杆或向后带杆，保持好正常的位置关系。

（2）大型、小型无人机下降时，由于收小油门后，螺旋桨扭转气流减弱，飞机有右偏趋势，必须抵住左舵，以保持飞行方向。

（3）下降中，速度过大时，应适当增加带杆量，减小下滑角。

5.平飞、爬升、下降三种飞行状态的变换

（1）爬升转平飞。注视地平仪，柔和地松杆，然后收油门至 45%。当地平仪的位置关系接近平飞时，保持，使飞机稳定在平飞状态。如果要在预定高度上将飞机转为平飞，应在上升至该高度前 20～10 m 开始改平飞。

（2）平飞转下降。注视地平仪，稍顶杆，同时收油门至 15%。当地平仪的位置关系接近下降时，保持，使飞机稳定在下降状态。

（3）下降转平飞。注视地平仪，柔和地加油门至 45%，同时拉杆。当地平仪的位置关系接近平飞时，保持，使飞机稳定在平飞状态。如果要在预定高度上将飞机转为平飞，应在下降至该高度前 30～20 m 开始改平飞。

（4）平飞转爬升。注视地平仪，柔和加油门至 100%，同时稍拉杆转为爬升。当机头接近预定状态时，保持，使飞机稳定在爬升状态。

平飞、爬升、下降转换时易产生的偏差：

1）没有及时检查地平仪位置关系，造成带坡度飞行。

2）动作粗，操纵量大，造成飞行状态不稳定。

3）平飞、爬升、下降三种飞行状态变换时，推杆、拉杆方向不正，干扰其他通道。

6.转弯

转弯是改变飞行方向的基本动作。转弯时，起着支配地位的，主要是飞机的坡度。坡度形成，飞机即进入转弯；改平坡度，转弯即停止。在一定条件下的转弯中，坡度增大，机头会下俯，速度随即增大；坡度减小，则相反。因此，转弯的注意力主要应放在保持坡度上，这是做好转弯的关键，如图 10-4 所示。

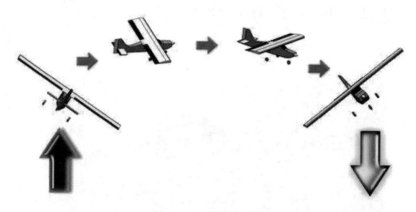

图 10-4　转弯示意图

多数无人机需要方向舵的参与进行协调转弯，可有效减小转弯半径并减少侧滑。个别需要执行对地正射任务的无人机必须进行无坡度转弯，此时向转弯方向压方向舵，副翼反打以保证坡度水平。

（1）平飞转弯的操纵方法。

1）转弯前，观察周围环境，选好退出转弯的检查方向，根据转弯坡度的大小，加油门 5%～10%，保持好平飞状态。

2）注视地平仪，协调地向转弯方向压杆扭舵，使飞机形成 10°（以此为例）的坡度，接近 10°时，稳杆，保持好坡度，使飞机均匀稳定地转弯。

3）转弯中，主要是保持好 10° 的坡度。如坡度大，应协调地适当回杆回舵；坡度小，则适当增加压杆扭舵量。机头过高时，应向转弯一侧的斜前方适当推杆并稍扭舵；机头低时，则应适当增加向斜后方的拉杆量并稍回舵。当转弯中同时出现两种以上偏差时，应首先修正坡度的偏差，接着修正其他偏差。

4）转弯后段，注意检查目标方向，判断退出转弯的时机。

当飞机轨迹方向离目标方向 10°～15°时，注视地平仪，根据接近目标方向的快慢，逐渐回杆。

爬升转弯和下降转弯的操纵方法与平飞转弯基本相同,其不同点如下:

1)爬升转弯节风门为 100%。转弯前,应保持好爬升状态;转弯中,注意稳住杆,防止机头上仰,保持好地平仪的位置关系;退出转弯后,保持好爬升状态。

2)下滑转弯节风门为 15%。转弯中,应保持好下滑状态。

(2)转弯时易产生的偏差。

1)进入和退出转弯时,动作不协调,产生侧滑。

2)转弯中,未保持好机头与天地线的位置关系,以致速度增大或减小。

3)转弯后段,未注意观察退出转弯的检查目标方向,以致退出方向不准确。

10.3.2　起落航线飞行

起落航线也叫五边航线,是由起飞、建立航线、着陆目测和着陆组成。任何一次无人机飞行都离不开起飞和着陆,由于无人机的遥控飞行多用于应急情况下,所以着陆目测和着陆是练习的重点,如图 10-5 所示。起落航线飞行,时间短、动作多,各动作之间联系紧密,准确性要求高。因此,必须在模拟器上或通过实物训练系统严格训练,严格要求,扎扎实实地训练好这一科目,为其他飞行科目打下良好基础。

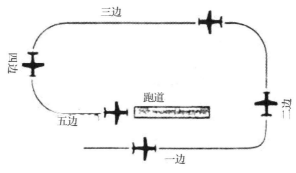

图 10-5　五边航线示意图

1.建立(应急)航线

建立(应急)航线是无人机操作手根据机场或应急着陆场位置,操纵飞机沿(应急)规划的航线飞行,并保持规定的高度、速度,以便准确地进行目测、着陆的飞行过程。

建立(应急)航线内容:

(1)检查飞行平台、发动机、机上设备的故障状态、油量、电量。

(2)决定着陆场或迫降场。

(3)决定控制方式。

(4)决定飞行操作手、起降操作手交接时机。

(5)决定起落架、襟翼收放时机。

(6)如果条件允许,第一时间飞回本场上空。

2.着陆目测

着陆目测是操作手根据当时的飞行高度以及飞机与降落地点的距离,进行目视判断,操纵飞机沿预定方向降落在预定的地点(通常为跑道中心)。准确的目测是使飞机在预定着陆点前后一定范围内接地。没有达到这一范围内就接地的,叫目测低;超过这一范围才接地的,叫目测高。

无人机的目测与有人机相比有两大不同:

1)有人机是从飞机观察着陆场,无人机是从着陆场观察飞机。

2)有人机驾驶员可自行观察仪表参考值,无人机起降操作手通过地面站人员通告仪表参考值。着陆目测须重点决断着陆方向和第三、四转弯位置。

水平能见度大于1 000 m,着陆目测由起降操作手决断,第三转弯前飞机交与起降操作手控制;水平能见度小于1 000 m,着陆目测由飞行操作手决断,第四转弯后飞机交与起降操作手控制。

(1)第三转弯。

第三转弯的时机、角度、高度,都会影响目测的准确性,因此,必须认真地做好第三转弯。

第三转弯点安排到跑道外侧(即地面站的另一侧)。

1)第三转弯点高度控制在100~150 m之间。

2)转弯前,注意观察第三、四转弯之间有无高大障碍物遮蔽视线或通信,同时选择好第四转弯点,作为退出第三转弯的检查目标。

3)判断进入第三转弯时机时,应考虑第四边航线长短,航线和着陆标志线交叉与飞机纵轴和着陆标志线交叉所造成的影响,并做必要的修正。

4)第三转弯中,应保持好飞行状态,适时检查空速、高度。转弯坡度为20°,速度为110 km/h。

5)退出转弯后,保持好平飞。平飞中应检查高度、速度;检查航迹是否对正预定的第四转弯点,该点距着陆点的距离是否适当;跑道上有无障碍物;观察飞机,判断下滑时机。

6)当无人机与跑道延长线的夹角为30°~25°时,收油门至合适位置,推杆下滑,保持110 km/h的速度。要特别注意高度,判断目测,控制好进入第四转弯的高度、位置,判断进入第四转弯的时机。

(2)第四转弯。

1)当无人机与跑道延长线的夹角为15°~10°时,进入第四转弯。进入时的高度为80~100 m,速度为110 km/h,坡度通常为20°,最大不超过30°。确定进入第四转弯的时机,应考虑到第四转弯的角度。如转弯角度大于90°,应适当提前;如小于70°,应适当延迟。

2)转弯中,注意飞机接近跑道延长线的快慢和转弯剩余角(跑道延长线与飞机纵轴的夹角)的减小是否相适应。转弯中应保持好飞行状态,适时地检查速度、高度,发现偏差及时修正。

3)第四转弯进入正常,当转弯剩余角为25°~30°时,飞机应正好在跑道外侧边线上。如飞机接近跑道延长线较快,而转弯剩余角减小较慢时,表明进入已晚,应立即协调地增大坡度和转弯角速度;反之,则应适当减小坡度,调整转弯半径,以便退出转弯时能对正跑道。

4)起降操作手做第四转弯时,第四转弯退出点位置为距着陆点200 m,高度30 m;飞行操作手做第四转弯时,第四转弯退出点位置为距着陆点500 m,高度60 m(以此为例)。

5)退出第四转弯后,这时起降操作手在控制飞机,飞行操作手向起降操作手每2秒1次间隔报空速。起降操作手稍推杆,控制住俯仰,对准下滑点(下滑点位于距着陆点50 m的跑道中线上)。油门收至15%,速度保持在120 km/h。当下滑线正常时,应注意检查速度。如速度大,表明目测高,应适当收小油门;反之,则应适当加大油门修正。加、减油门时应及时用舵,使飞机不带坡度和侧滑,对正跑道下滑。

6)下滑至高度 10 m,做好着陆准备:检查下滑速度,是否向预定的下滑点下滑,根据目测判断收怠速油门的时机;检查下滑方向,是否对正跑道;观察跑道上有无障碍物。

3.着陆

无人机从一定高度(一般定为 10 m,有人机为 25 m)下滑,并降落于地面直至滑跑停止的运动过程叫着陆。着陆分为下滑、拉平、平飘接地和着陆滑跑四个阶段。

注意:姿态遥控下的拉平并不是将姿态保持到 0°,而是将升降速度控制为 0。

(1)下滑至高度 10 m(应凭目力判断,根据飞机翼展估测),保持好下滑角,判断飞机的高度和接近地面的快慢,以便及时地开始拉平。

(2)下滑至高度 3 m,开始拉平,根据飞机离地的高度、下沉的快慢和飞机状态,相应地柔和拉杆(姿态遥控为回杆再拉杆),使飞机随着高度的降低,逐渐减小俯角,减小下降率,在0.5 m 高度上转入平飘。

(3)飞机转入平飘(不下沉也不飘起),应稳住杆,判明离地高度。根据飞机下沉的快慢、仰角的大小和当时的高度相应地继续柔和拉杆。

平飘前段,速度较大,下沉较慢,拉杆量应小一些。平飘后段,速度较小,下沉较快,拉杆量应适当增大,随着飞机的下沉相应地增大仰角,在 0.2 m 的高度上,拉成正常两点姿势。

平飘过程中,仍应根据飞机与地面的相对运动,检查与保持好飞行方向,并使飞机不带坡度和产生侧滑。

(4)飞机在 0.2 m 的高度上呈两点接地姿势后,应随着飞机的下沉,继续柔和地拉杆,保持住两点姿势,使主轮轻轻接地(主轮接地时无人机速度控制在 80~90 km/h,从拉平到主轮接地是一个空速逐渐从 110km/h 减到 80km/h 的过程)。接地的瞬间,由于地面对主轮的反作用力和摩擦力对飞机重心形成下俯力矩,因此,必须稳住杆,才能保持接地时两点姿势不变。

(5)飞机确实两点滑跑后,应稳住杆保持两点姿势,控制方向舵保持滑跑方向。起降操作手报接地信息。随着速度的减小,机头自然下俯,待前轮接地后,将升降舵推过中立位置。

(6)着陆滑跑后段,稳住方向舵并做微量修正,保证无人机沿中线滑行,在速度小于 40 km/h 后刹车。

10.3.3　起落航线重点动作的分析

1.目测

逆风着陆时,由于风的影响,第三转弯后,使飞机逐渐远离着陆点;第四转弯后,使下滑距离和平飘距离缩短,风速越大,影响越大。顺风着陆时,则相反。因此,逆风着陆时,目测容易低(即提前接地);顺风着陆时,目测容易高(即推迟接地)。

气温较高时,跑道上空上升气流明显,会使下滑距离和平飘距离增大。气温降低时则相反。因此,气温增高时目测容易高,气温降低时目测容易低。

下滑方向虽不能直接影响目测的准确性,但是当下滑方向偏差较大时,就会分散操作手的精力。此外,修正方向偏差时,也容易带来下滑点、下滑速度的变化,从而造成判断和修正目测的困难。

从以上分析可知,影响目测的因素是多方面的。其中,气象条件是客观存在的,其他条件都可以通过操作手的主观努力去适应。因此,做目测时,必须根据当时的气象条件,控制好第四转弯点的位置和高度;保持好预定的下滑点、下滑速度和下滑方向;准确使用油门,才能使飞机沿预定的下滑线,降落于预定的地点。

(1)第四转弯前判断与修正目测的方法。

第三转弯后至第四转弯前的飞行中,主要根据飞机能否对正预定的第四转弯点、保持预定的高度来判断与修正目测。第四转弯点的位置是由第三转弯的时机和角度决定的,第四转弯高度是由下滑时机和动作决定的。

转弯目测误差影响示意图如图 10-6 所示。

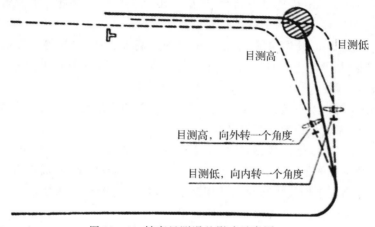

图 10-6　转弯目测误差影响示意图

第三转弯后,如高度正常而航迹未对正预定的第四转弯点,靠近或远离着陆点时,表明目测高或目测低,应向航线外侧或内侧转一个角度,进行修正。转弯的角度,一般不应超过 20°,并应注意其对第四转弯进入时机的影响。

第三转弯后,如高度正常而航迹未对正预定的第四转弯点,靠近或远离着陆点时,表明目测高或目测低,应向航线外侧或内侧转一个角度,进行修正。转弯的角度,一般不应超过 20°,并应注意其对第四转弯进入时机的影响。

第三转弯后,如飞机的航迹正常,而高度高于 150 m 或低于 100 m 时,转入下滑的时机应提前或延迟。下滑中,如估计到第四转弯时的高度将高于预定的高度时,应及时地收小油门,必要时可收至 20%,增大下滑角;反之,则应适当地加大油门,减小下滑角,必要时可转为平飞进行修正。待接近预定高度时,再转为正常下滑。

飞行中气象条件是经常变化的,因此,做目测时,第三转弯的时机和转弯角度要根据当时的气象情况做必要的调整,转弯后,还要经常检查航迹和飞行高度,发现偏差及时修正。

(2)第四转弯后判断与修正目测的方法。

如发现目测稍高或稍低时,一般不改变下滑点位置,应适当地收小或加大油门,保持好与当时气象条件相适应的下滑速度,飞向预定下滑点。

目测过低时,应在加大油门的同时适当增加带杆量(姿态遥控为回杆量),减小下滑角(必要时可平飞一段时间),当接近正常下滑线时,再重新对好下滑点,适当收小油门,保持好下滑角和相应的速度,对准预定下滑点下滑。目测过高时,修正方法相反。

修正目测加、收油门的量,主要根据偏差的大小和当时的气象条件确定。偏差大,加、收油门量相应大一些;反之,则小一些。风速较大或气温低时,如目测低,加油门量相应大些;如目测高,收油门量则不应多。风速小或气温高时则相反。

开始收油门的时机和收油门动作的快慢以及收怠速油门的时机,应根据当时飞机的实际下滑点和预定下滑点是否一致来确定。收油门的动作应柔和均匀,通常在转入平飘时,将油门收完。

但在下列情况下,收油门的时机应适当延迟,收油门的动作应适当减慢(主轮接地前应收完):实际下滑点在预定下滑点后面;当时的高度低于预定高度;速度小、下沉快;逆风较大。若实际下滑点在预定下滑点前面,则相反。

(3)下滑方向的判断与修正。

第四转弯后下滑方向的好坏,不仅会影响飞机的着陆方向、着陆动作,还会影响目测的判断与修正。

假设起降操作手的站位位于内侧跑道边缘线上,野外起降点跑道宽度为 12 m,无人机翼展为 6 m。

首先应判断飞机是否在跑道中线延长线上。如果飞机下滑过程中近侧翼尖距离内侧跑道边缘线的距离始终接近半翼展,则接近跑道中线。

其次,检查飞机纵轴是否与着陆方向一致。如飞机偏出跑道中线延长线较大,应首先压杆压舵操纵飞机飞向跑道中线,待飞机接近跑道中线时,再根据当时交叉角的大小,适当提前压杆压舵,使飞机纵轴与中心线重合。如飞机在跑道中线延长线上,只是纵轴与中心线略有交叉,应柔和压舵修正,使飞机纵轴与着陆方向一致。在 0.5 m 以下低空修正方向时,仅使用方向舵,防止坡度过大,翼尖擦地。

注意:

1)下滑至高度 3 m,仍未进入跑道或目测过高、过低时,应果断复飞。

2)禁止用改变飞机接地姿势的方法,延长或缩短平飘距离来修正目测偏差。

2.着陆

着陆是起落航线飞行的最重要一环。要做好着陆,就应当正确地观察地面关系、掌握好收油门动作和准确地把飞机拉平。

(1)正确地观察地面关系是做好着陆的基础。

着陆时,飞机高度、速度、状态、下降率等随时都在变化。只有正确地观察地面关系,才能判明这些变化的情况,相应地操纵杆舵,做好着陆。

观察地面关系的目的,是判断高度、下沉情况、飞行状态和运动的方向。同时了解速度和目测的情况,以便准确地操纵飞机着陆。但着陆的各个阶段的注意力又应各有侧重。下滑至高度 10 m,侧重判断飞机离地的高度和接近地面的快慢,确定开始拉平的时机。拉平过程中,侧重注意高度的降低和下降率的减小是否相适应。平飘时,侧重注意飞机离地的高度和下沉情况,后段还要适当注意飞机俯仰姿态。在有侧重的同时,照顾到其他。当然,这种侧重不是一成不变的。例如,拉平前飞行方向与跑道有交叉,则应在判断开始拉平时机的同时,还要修正好方向,以便既不延误开始拉平的时机,又能修正好方向的偏差,从而做好着陆,如图 10 - 7 所示。

初学飞行时,每次着陆都要按照规定的时机,观察地面关系,切忌乱变。只有这样,才能形成正确反射。要求深刻理解观察地面关系的意义,熟练掌握判断方法,起降操作手站姿端正,应将外部控制盒放于腰部高度,不要抱于胸前。

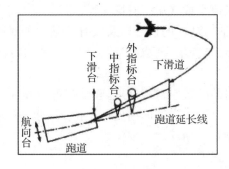

图 10 - 7　飞机着陆示意图

(2)掌握好收油门的动作,是做好着陆的重要条件。

掌握好收油门的动作,既是为了准确地做好目测,也是为了逐渐减小飞行速度,配合拉平动作,使飞机以正常的速度和状态转为平飘。收油门过早、过粗,速度减小快,使拉平时的速度小,飞机下沉快,容易拉平低或者进入平飘时仰角较大;反之,容易拉平高、拉飘或者平飘仰角较小,均不利于正常着陆。着陆收油门动作的基本要领是:适时、柔和而均匀。

根据飞行体会,应做到:

1)在目测正常的情况下,收油门时机不要晚。早一些比较主动,可以慢慢收,也可停一停再收。收晚了势必造成动作粗,影响着陆动作,否则就容易目测高。

2)收油门的过程要拉长一些,拉长了可以使动作柔和、速度减小均匀,有利于做好着陆。

3)收完油门的时机要准确,保证飞机以正常速度和正常状态转为平飘。目测正常时,通常是在结束拉平时收完油门。

(3)准确地把飞机拉平,是做好着陆的关键。

实践证明,掌握了拉平动作以后,整个着陆就比较容易学会了,同时,对保证飞行安全也极为重要。

开始拉平的时机和拉杆(姿态遥控为回杆再拉杆)动作的快慢与分量,直接影响正常拉平轨迹和飞机转入平飘的高度。

开始拉平的时机是根据当时飞机俯角的大小和下降的快慢而定的。飞机以正常的下滑角下滑时,下滑至高度 3m 应开始拉平,使飞机随着高度的降低,下滑角逐渐减小,在 0.5 m 的高度上平飘。如果拉平前飞机的俯角大、下降快,却仍按正常的时机和动作拉杆,就必然拉平低,所以开始拉平的时机应稍早一些;反之,开始拉平的时机应稍晚一些。

拉平过程中,拉杆的快慢和分量,必须与当时的离地高度、下降快慢和飞行状态相适应。下降快,拉杆亦应快一些;反之,则慢一些。如果高度高于 0.5 m 较多,飞机就要转入平飘,即应暂停拉杆;反之,即将接近 0.5m 高度,飞机下降仍较快,则应适当多拉一点,其目的都是使飞机下降至 0.5m 高度时转为平飘。总之,必须按照实际情况,主动地、有预见性地、机动灵活地去操纵飞机,才能做好着陆。

3.着陆偏差的修正

在掌握着陆技术的过程中,错误、偏差是难免的。为了掌握着陆技术、保证安全,必须了解产生偏差的原因,熟练地掌握着陆偏差的修正方法。

(1)产生着陆偏差的主要原因。

1)精神过分紧张,对着陆存有顾虑,因而注意力分配不当,操纵动作犹豫不适量。

2)着陆条件不好。例如,目测高容易拉平高;目测低、速度小容易拉平低或跳跃;油门没有收完、速度大容易拉平高或拉飘;下滑方向不好,易分散看地面的精力,造成着陆偏差。

3)转移视线看地面的时机、角度、距离不固定、不正确。

4)其他如机械拉杆、粗猛拉杆都会造成着陆偏差。

(2)修正方法。

出现着陆偏差时,必须看好地面,判明离地高度、下沉快慢、飞机状态,遵守操纵规则,沉着果断地修正。

1)修正拉平高的方法。飞机结束拉平时的高度高于 0.5 m,叫拉平高。修正方法如下:

a.拉平过程中,发现有拉高的趋势,应停止拉杆或减小拉杆量,让飞机下沉。然后,根据飞机离地的高度、下沉的快慢和俯仰状态,柔和均匀地拉杆,使飞机在 0.5 m 高度上转为平飘。

b.拉平高时,如果飞机随即下沉,应稳住杆,待飞机下沉到 0.5 m,再柔和拉杆,做正常着陆;如果飞机不下沉,应稍松杆(注意收完油门),使飞机缓慢下沉到 0.5 m 时,做正常着陆。

c.拉平高度在 3 m 以上,又未能及时修正,应进行复飞。

2)修正拉平低的方法。飞机结束拉平时的高度低于 0.5 m,叫拉平低。修正方法如下:

a.拉平过程中,发现有拉平低的趋势时,应适当地增大拉杆量,使飞机在 0.5 m 高度转入平飘。由于拉杆动作较快、量较大,飞机在刚转入平飘时可能向上飘起,应注意防止和及时修正。

b.拉平低,但高度在 0.3 m 以上时,可按正常方法着陆。如果高度在 0.3 m 以下时,应特别注意准确地判断高度和飞机下沉情况。当飞机有下沉趋势时,在不使飞机飘起的情况下,及时适量地拉杆增大仰角,使飞机以正常两点姿势接地。

c.如果飞机下沉较快,以较小的两点姿势接地时,应注意稍拉住杆,保持住两点姿势,防止前轮撞地。但也要防止接地时拉杆过多而跳跃。

d.如结束拉平过低而速度较大时,应适当地多拉一点杆,避免三点接地。如果已经三点接地,应及时稳住杆,避免飞机跳起。

3)修正拉飘的方法。在拉平或平飘过程中,飞机向上飘起的现象叫拉飘。修正方法如下:

a.发现拉飘时,应立即柔和推杆或松杆制止飞机继续上飘。

b.制止飞机上飘后,应迅速判明高度。0.5 m 以下且仰角不大时,应稳住杆,待飞机下沉,再柔和拉杆,做正常着陆;0.5 m 以上或仰角较大时,应柔和推杆或松杆减小仰角,使飞机缓慢下沉,然后做正常着陆。

4)修正跳跃的方法。飞机接地后跳离地面的现象,叫跳跃。修正方法如下:

a.飞机跳离地面时,应稳住杆,迅速判明离地的高度和飞机状态。如果飞机跳跃没有超过 0.5 m,且仰角不大时,应轻拉住杆。待飞机下沉时,做正常着陆。

b.跳离地面的高度有超过 0.5 m 的趋势或仰角较大时,应立即适当地推杆或松杆,不使飞机跳起过高或仰角过大。当飞机下沉时,柔和拉杆,做正常着陆。

c.如因修正侧风不当带偏流接地并跳跃时,除按跳跃处理外,还应向偏流的反方向(即侧风方向)适当压坡度,并轻打反舵,避免重新带偏流接地。

10.4 无人直升机飞行操作

10.4.1 起飞和着陆

1.起飞

无人直升机从开始增大旋翼拉力到离开地面,并增速和爬升到一定高度的过程叫起飞,如图10-8所示。

图10-8 准备起飞

(1)有地效垂直起飞。

无人直升机从垂直离地到1~3 m高度上悬停,然后保持一定的状态沿预定轨迹增速,并爬升到一定高度的过程,叫有地效垂直起飞。

做垂直起飞时,飞手应柔和地上提总距杆,使旋翼产生的拉力大于直升机重量,无人直升机垂直离地。在上提总距杆的同时,必须打右舵,以保持方向平衡;打右舵时,尾桨拉力增加,将引起直升机向左移位,故需向右压杆,使无人直升机稍带右坡度,旋翼产生向右的侧向力以保持滚转力矩及侧向力的平衡。为消除旋翼拉力在水平面内的纵向分力,还应前后操纵驾驶杆。当无人直升机离地爬升到接近预定高度时,稳住总距杆,在预定高度保持稳定悬停,如图10-9所示。

图10-9 起飞瞬间

（2）无地效垂直起飞。

无地效垂直起飞是指无人直升机在无地面效应的高度上悬停和增速爬升。这种起飞方法适用于在周围有一定高度的障碍物的小场地上使用。由于无地面效应,直升机起飞的有效载重量减小。此种起飞方法的操纵原理与正常垂直起飞相似,但要求飞行操纵动作准确柔和,特别是上提总距杆时,驾驶杆和舵的操纵动作更要协调一致。在超越障碍物时,应高出障碍物足够的高度,防止碰撞,以保证安全起飞。

2.着陆

无人直升机从一定高度下滑、消速并降落于地面直到停止的过程叫作着陆。下面主要分析直升机垂直着陆和滑跑着陆的操纵原理及下滑消速的操纵规律。

（1）下滑消速。

无人直升机向预定地点降落,要经过下滑消速过程,通过下滑降低高度,并通过消速减小速度。直升机一边下降高度一边减小速度的过程叫下滑消速。

无人直升机的下滑消速是一个过渡飞行阶段。由于飞行状态的变化,作用于直升机上的力和力矩也不断变化,操纵动作比较复杂。

为保持预定轨迹,整个过程中,蹬舵量随总距杆操纵而变化。上提总距杆,要相应增大右舵量,而右舵量增大,又会破坏直升机的侧向平衡,因此,随着速度减小,还应不断增大向右的压杆量。

（2）有地效垂直着陆。

无人直升机经过下滑、消速,在预定地点上空的地效范围内进行短时间悬停后,再垂直下降接地的着陆方法叫有地效垂直着陆,如图 10-10 所示。这种着陆方式的悬停是在地效范围内完成的,因此可以充分利用地面效应,减小所需功率,同时操纵也比较容易。

图 10-10　直升机着陆

垂直着陆是在悬停基础上进行的,在整个下降过程中,飞手应把注意力主要放在保持无人直升机状态上。其操纵原理与垂直下降基本相似,所不同的是,随着高度降低,由于地面效应影响,下降率要减小,应适当下放总距杆。在离地 0.5 m 以下,应以不大于 0.25 m/s 的下降率下降接地。

10.4.2　悬停

无人直升机在一定高度上,保持航向、位置不变的飞行状态叫作悬停,如图 10-11 所示。

悬停是无人直升机特有的飞行方式之一,其目的是检查直升机重心、发动机和旋翼工作情况,为起飞增速或垂直着陆做准备,或进行特种作业。

图 10-11　无人直升机悬停画面

1.垂直起飞阶段的操纵

飞行员柔和上提总距杆,使桨距增大,旋翼拉力增大,以便产生足够拉力使直升机离开地面转入上升;同时使发动机可用功率增大,以满足功率平衡。随着上提总距杆,旋翼的反扭矩增大,力图使机头左偏,为了保持方向平衡,需先向右压杆。待形成右坡度后稳住杆。一般直升机都有旋翼前倾角,为了克服旋翼前倾角的影响,直升机应有一个上仰角。因此,在垂直起飞时,需要适当向后带些杆。

2.悬停保持阶段的操纵

保持无人直升机位置的关键是调整直升机的姿态。在实际操作中,应先根据无人直升机的移位情况调整直升机的姿态。在找准无人直升机的姿态后,以保持这个姿态为准。在保持状态过程中,应根据无人直升机的移位情况,对姿态进行微调,以确保其位置不变。

3.垂直着陆阶段的操纵

结束悬停时,应柔和下放总距杆,同时用驾驶杆、脚打和总距杆的配合动作,使无人直升机下降,下降率不超过 2m/s;接地前应进一步减小下降率,使接地时的下降率不大于 0.2m/s。一般顺时针旋翼、低置尾桨的无人直升机都带有右坡度,所以,右主轮先接地。在右主轮接地后还应继续柔和下放总距杆,并适当向右后方带住杆,使左轮与前轮轻轻接地,然后继续下放总距杆直到最低位置。

10.4.3　平飞

无人直升机做稳定平飞时,其基本特征就是等高、等速、无侧滑,要满足这些特点,其作用力关系如下。

(1)为保持飞行高度不变,旋翼拉力在气流立轴方向的分力,应等于直升机重力。

(2)为保持飞行速度不变,旋翼桨盘要相对于水平面前倾一定的角度,旋翼拉力在气流纵轴方向的分力应等于空气阻力。

(3)为保持无人直升机无侧滑,在直升机坡度较小时,旋翼拉力在气流横轴方向的分力应等于尾桨拉力和垂尾侧力之和。

10.4.4　近地飞行

无人直升机近地飞行时,飞行高度为 1～10 m,飞行速度通常不大于 20 km/h。近地飞行包括前飞、侧飞和后退飞行。无人直升机的近地飞行属于悬停机动飞行。

1.近地飞行特点

(1)地面效应的影响显著。

无人直升机近地飞行时,飞行高度一般都在 10 m 以下,小于旋翼直径。此时,直升机在地面效应的影响范围之内,所以,在一定功率下,旋翼产生的拉力较远离地面时有所增加,如图 10-12所示。

图 10-12　无人直升机近地飞行

地面效应对直升机的起飞、着陆会产生良好的影响。在地效范围内,直升机可做超载起飞,以提高其载重能力;无人直升机在自转着陆时,地面效应可以减小垂直着陆速度。此外,地面效应能增加无人直升机的稳定性。

(2)地形、地貌对飞行影响大。

近地飞行时,如果遇到突然下凹的地形,地面效应迅速消失,会引起旋翼拉力突然减小,无人直升机就有掉入凹坑的危险。又如,地形起伏不定,地面效应强弱会随地形起伏发生变化,从而引起无人直升机颠簸,造成操纵上的困难。所以,近地飞行时,一定要注意地形、地貌的变化。

10.5　多旋翼无人机飞行操作

多旋翼无人机的飞行操作在第 1 章已做了讲解,这里只对多旋翼无人机飞行难度较大的 M 字带旋转、菱形带自转和螺旋上升进行讲解。

1.M 字带旋转

方法:飞行器由 A 点开始机头向右侧侧向悬停,垂直上升加自转一圈,在 4 m 高度后于 B 点悬停,机头向右后向 C 点做下降自转一圈移动于 C 点停止后机头向右,向 D 点做上升加自转一圈移动,于 D 点停止后机头向右向 E 点做垂直下降加自转一圈于 E 点结束,如图 10 - 13 所示。

　　要求:飞行速度匀速(1 m/s),定点旋转时姿态稳定,旋转角度正确,移动的位置准确。

　　难点:此动作是垂直上升下降和垂直三角形这几个动作的组合,并混入了 360°定点转,故难度较大,需要及时地修正视角差和调整思维,达到眼手同步。

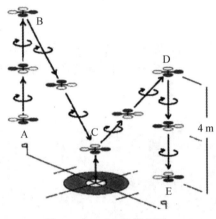

图 10 - 13　　M 字带旋转

2.菱形带自转

　　方法:飞行器由 A 点机头向右悬停开始向 B 点做前进上升移动至 B 点转入悬停,做定点 180°旋转后,机头向左向 C 点做前进上升移动至 C 点后转入悬停,做定点 180°旋转后机头向右向 D 点做后退下降移动至 D 点后转入悬停,做定点悬停 180°后机头向左向 A 点做后退下降移动至 A 点后动作结束,如图 10 - 14 所示。

　　要求:飞行速度匀速(1 m/s),定点旋转姿态稳定,旋转角度正确,移动位置准确。

　　难点:此动作时在垂直三角形基础上混入 180°自转,难度较大,需要及时修正视角差,调整思维达到眼手同步,并且和 M 字动作一样,需要在飞行空域凭空想象出需要飞行的轨迹。

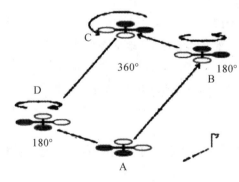

图 10 - 14　　菱形带自转

3.螺旋上升

　　方法:1 m 高度悬停后,推杆让飞行器向左开始航线飞行过 A 点后压右副翼拉杆并加入右方向舵,使飞行器一边右转弯一边上升,两圈后结束,如图 10 - 15 所示。

要求:上升旋转的速率为匀速,上升轨迹垂直。

难点:如果只操纵油门和方向舵的话,上升轨迹就不是很垂直,需要及时加入升降舵和副翼的修正,这就需要操纵者及时调整思维,做出及时准确的判断和修正。

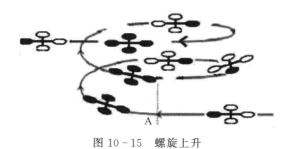

图 10 - 15　螺旋上升

10.6　总　　结

在本章中主要学习了无人机的飞行控制,主要以三大类无人机分别讲述。重点分析了三大类无人机的基本动作的操作方式。在本章理论学习后,需要大家在实操的时候将理论知识结合到实际情况中去,在实际操作中论证理论的正确性,因为在户外飞行,无人机在飞行过程中受到的不确定因素很多,应根据实际情况采取相应的操作,才能保证无人机安全顺利地完成飞行任务。

10.7　课 后 习 题

一、选择题

1. 失速的直接原因是(　　)。

A. 低速飞行　　　　　　　　　　　B. 高速飞行

C. 迎角过大　　　　　　　　　　　D. 负载过大

2. 固定翼无人机爬升时油门应当保持在(　　)。

A. 50%　　　　　　　　　　　　　B. 70%

C. 80%　　　　　　　　　　　　　D. 100%

3. 起落航线(五边航线)由(　　)组成。

A. 起飞、建立航线、平飞、着陆　　　B. 起飞、爬升、平飞、着陆

C. 起飞、建立航线、着陆目测、着陆　　D. 建立航线、起飞、爬升、着陆

4. 无人直升机近地飞行时,地形地貌的影响说法错误的是(　　)。

A. 突然下凹的地形,地面效应迅速消失,会引起旋翼拉力突然减小

B. 地形起伏不定,地面效应强弱会随地形起伏发生变化,从而引起直升机颠簸

C. 凸起的地形,地面效应发生复杂变化,引起直升机难控制

D. 以上都不对

5. 多旋翼无人机起飞操作顺序是(　　)。

A. 远离无人机、轻推油门杆准备起飞、起飞、降低油门悬停

B. 远离无人机、解锁、轻推油门杆准备起飞、起飞、降低油门悬停

C. 远离无人机、起飞、降低油门悬停

D. 解锁、轻推油门杆准备起飞、降低油门悬停

6.多旋翼无人机降落说法正确的是（　　）。

A. 迅速拉低油门，让无人机降落到地面

B. 缓慢拉低油门，让无人机降落到地面

C. 缓慢拉低油门，让无人机降落到离地面5～10 cm拉高油门保持悬停，然后收油降落

D. 迅速拉低油门，让无人机降落到离地面5～10 cm拉高油门保持悬停，然后收油降落

7.悬停操作是指（　　）。

A. 保持飞行器高度不变　　　　　　　　B. 保持飞行不会出现前移后退

C. 保持飞行器不会左右摇摆　　　　　　D. 以上都是

8.关于多旋翼无人机曲线飞行的说法正确的是（　　）。

A. 曲线飞行时必须改变机头方向

B. 曲线飞行可通过前进和左右偏移来实现

C. 曲线飞行时与油门大小没关系

D. 曲线飞行必须通过左右偏移来实现

9.固定翼无人机降落是在（　　）之后。

A. 第一转弯　　　　　　　　　　　　　B. 第二转弯

C. 第三转弯　　　　　　　　　　　　　D. 第四转弯

10.关于目测着陆,说法正确的是（　　）。

A. 操作手根据当时的飞行高度,进行目视判断,操纵飞机沿预定方向降落在预定的地点。

B. 准确的目测是使飞机在预定着陆点前后一定范围内接地

C. 提前使飞机在预定着陆点前后一定范围内接地,叫目测高

D. 使飞机超出预定着陆点前后一定范围内接地,叫目测低

二、简答题

1.简述固定翼无人机起落航线飞行。

2.请描述无人直升机垂下滑消速的操纵规律。

3.简述无人直升机起飞的原理。

4.多旋翼无人机曲线飞行的方式有哪些？分别如何让操作？

5.多旋翼无人机自主飞行的方式有哪些？各飞行姿态的特点有哪些？

第11章 无人机日常维护

11.1 课前预习

📖 **在书上找到答案**

(1)为什么要进行无人机的日常维护？如果不经常维护会出现什么风险？

(2)无人机维修的注意事项有哪些？

(3)固定翼、直升机、多旋翼无人机日常维护有什么不同？

(4)电池的保养注意事项有哪些？

(5)在南方地区无人机保存需要注意哪些因素？

11.2 概述

无人机属于精密器械，任何部件的微小变动都会影响其飞行状态和使用寿命。因此，无人机在日常使用过程中应小心谨慎，且应定期进行维护和检查。

本章主要内容：

(1)无人机日常维护的方法。

(2)电池的保养方法。

(3)无人机存放的方法。

11.3 无人机保养的目的

无人机作为一个高度自动化和集成化的飞行系统，除了要按照正确的方式操作和使用以外，日常的维护保养和检查也是至关重要的。本章结合笔者亲身经历和经验与大家讲述无人机维护保养的重要性和注意事项，如图11-1和图11-2所示。

无人机的日常维护与保养的重要性主要体现在以下几点：

(1)保障无人机在执行任务时正常运行；

(2)延长无人机的使用寿命；

(3)减少飞行事故，降低飞行成本。

图 11-1　飞行后对无人机进行检查

图 11-2　多旋翼无人机维修

对于一个初学者来说,对无人机的了解比较片面,几乎都会进入这样一个误区,认为无人机的设计、组装、调试和飞行是无人机的全部,加上没有太多连续的飞行任务,对维护保养方面一直不太在意,经常是飞完后直接装箱,再飞的时候拿出来组装飞行。随着任务的增加,问题渐渐浮出水面,典型的有几种:

(1)再次飞行的时候发现零配件缺失,导致无法飞行。

(2)组装过程中发现飞机有损坏的地方。

(3)飞行过程中经常出现发动机熄火,电池异常,甚至飞机解体的情况。

经过多次的教训和深入的总结思考后,发现问题出现的原因:

1.在飞机飞行后没有将零部件和工具归位

由于没有规范的管理,回收后的无人机没有固定的存放位置,每次飞行前都需要重新收拾零件和工具及其他辅助设备,加上平时接触飞机的人比较多,使用工具或者动用飞机部件没有记录。久而久之出现丢三落四的情况,这是很多无人机团队在初期的通病,对每个工作环境进行问责,才能有效避免这种混乱带来的尴尬。

2.在飞行后没有对无人机进行全面彻底的检查

无人机和有人机不同,几乎没有哪次是在条件良好的机场跑道上进行起降的,由于起降场地的条件差,无人机尤其是常规起降的无人机极其容易在起降过程中因为冲击大造成局部的损伤,而且有些结构损伤是不容易通过外表发现的。在每次飞行后都应该对飞行器本身进行全面细致的检查,及时发现并处理掉隐患。

3.没有对重要的设备进行定期检查

无人机是一种长期、重复使用的工具。在多次使用后,一些重要设备容易出现问题。以固定翼无人机为例,发动机、电源和结构连接是需要重点监控的部分。在接触无人机早期,认为发动机调整好就可以了,结果用了一段时间后发动机出现经常熄火、转速不稳、拉力下降等问题。将发动机拆解后发现由于长时间处于不佳工况,导致火花塞堵塞,容易断火。化油器滤网缺乏定期清洗,已经严重堵塞,导致供油不足。

电池问题同样重要,无人机飞行时间长,震动大,对电池的耐用性要求很高。再加上缺乏常识,飞行间隔时间不固定,电池经常充满电储存,造成电池性能下降很快。同理,无人机的结构,尤其是连接部分由于经常拆解和震动冲击,容易老化损坏,都是需要在维护过程中重点注意的地方。

11.4　无人机的维修

对无人机进行维修,首先应对无人机系统特点做一了解。

11.4.1　无人机系统特点

1.无人机需要多次循环使用

无人机在使用过程中一般无法进行维修,但在每次使用之前都要进行必要的维护和检查,排除发现的异常和故障,确保升空之前处于最大限度的良好状态,以保证执行任务过程中的安全。因此,无人机是一个准单次循环系统,既要像火箭与导弹那样保证每次使用的安全可靠,又要像地面车辆一样可以保证长期重复使用,如图 11 - 3 所示。

图 11 - 3　美国 RQ - 7B 影子无人机正在进行维护

2.无人机的使用领域特殊

作为一种空中使用的复杂系统,其效能的发挥依赖于地面维护和空中使用的综合作用。空中使用是无人机的本质要求和使用目的,地面维护是无人机安全可靠使用的前提和能力特性有效发挥的保障。

3.无人机使用环境严酷

无人机使用空间多维,幅员广,环境条件差异巨大,要求有针对性地维修和保障,以保证飞机在各种环境条件下安全可靠地使用。

11.4.2　无人机维修

无人机维修是指为使无人机保持和恢复到规定状态所进行的维护、修理和管理工作的统称,包括养护、修理、改装、大修、检查以及状态确定。

保持无人机处于规定状态的活动,通常称之为维护,有时也称之为保养,如润滑、检查、清洁、添加油料等。使处于故障、损坏或失调状态的无人机恢复到规定状态所采取的措施称为修理或修复,如调整、更换、原件修复等。大部分情况下,维护和修理不能完全分开,维护过程往往伴随必要的修理,修理过程必然伴随着维护,所以统称为维修。

维修作业主要划分为三大部分:保养、预防性维修和修复性维修。

(1)保养,是指为保持无人机固有设计性能而进行的表面清洗、擦拭、通风、添加油液或润滑剂、充气等工作。

(2)预防性维修,是指通过对无人机系统性检查、设备测试和更换以防止功能故障发生,使其保持在规定状态所进行的全部活动。它可以包括调整、润滑、定期检查等,主要用于其故障后果会危及安全和影响任务完成,或导致较大经济损失的产品。预防性维修的目的是降低产品失效的概率或防止功能退化。它按预定的时间间隔或按规定的准则实施维修,通常包括保养、操作人员监控、使用检查、功能检测、定时拆修和定时报废等维修工作类型。新设备研制初期,就应考虑预防性维修问题,提出减少和便于预防性维修的设计要求;应进行可靠的维修分析,应用逻辑判断的方法确定设备的预防性维修要求,制订设备预防性维修大纲,规定设备需要进行预防性维修的产品、工作类型、间隔期和进行维修工作的维修级别,确保以最少的维修资源消耗保持设备固有可靠性和安全性水平。

(3)修复性维修,是指无人机发生故障后,使其恢复到规定状态所进行的全部活动。它可以包括下述一个或全部步骤:故障定位、故障隔离、分解、更换、再装、调准及检测等。修复性维修是在操作人员和(或)维修人员发现异常或故障后,或产品的状态监控表明其技术已不能或接近不能正常工作时进行,其维修内容和时机不能事先做出确切安排,因而称非计划维修。

本节主要是对无人机维修的总体概述,具体维修方法还应以实际问题为准。在日常使用过程中如果发生故障应及时维修,切勿抱有侥幸心理而造成更大损失。

11.4.3　固定翼无人机日常维护

1.发动机

(1)注意事项。

由于发动机是一种精密器件,所以在平时使用时要注意保养和维护,以延长它的使用寿命,如图11-4所示。主要应注意以下几点:

1)发动机不应在多尘多灰的地方使用,以免较大颗粒的灰尘进入发动机内部,加速发动机的磨损,严重时导致发动机报废。

2)当无人机放飞发生意外,如:失速、滑行时倾斜等,应及时关闭风门,让发动机停机,以防止螺旋桨高速转动时触地而导致发动机轴损坏,甚至发动机和桨叶都报废。

3)发动机启动拨桨时,切忌用蛮力,否则容易给发动机造成伤害。如遇到阻力很大无法拨动时应先将电容拔掉,然后轻轻来回转动桨叶,使气缸内的高压气体散去,然后再继续拨桨。

4)发动机应定期清洗。由于发动机大多为二冲程发动机,燃料燃烧得不够完全,会有细小碳粒残存在发动机中,再加上使用环境中的灰尘的进入,若不经常清洗发动机,这些杂质会逐渐地磨损发动机,最后导致发动机无法启动或无法正常工作。具体清洗方法和新发动机的第一次清洗一样,注意切忌用纸、布等擦拭气缸内壁或活塞上的灰尘颗粒。

5)发动机长期不用时,应放置于遮蔽处;再次使用时仍然需要清洗一次。

6)配制发动机用油时应严格按照比例,不能过多地增加任何一种成分的比例,以防止在燃烧过程中过热损坏发动机。为了改善发动机的性能,只能稍微调整一下各成分的比例,一般改变值不应超过 10%。

7)不同型号的发动机的配件严禁混用。不同的发动机它的部件间的配合是不一样的,有时只有微小差别。但就是这微小差别会影响发动机的工作性能,严重时会造成发动机报废。所以应选用统一型号的发动机配件进行更换或组装。

图 11-4　发动机日常维护

(2)发动机清洗方法。

发动机必须经分解并用油清洗后才能使用。分解时使用专用的内六角螺丝扳手将螺丝卸下,将零件放入汽油或煤油中浸泡,并利用针筒清洗管状或筒状零件(如气缸、气化器、机壳等)的细部。注意洗时要仔细耐心,不可漏洗部件。洗好后,按原顺序将零件装好。装配时要均衡用力,四角固定时要对角上紧。使用内六角扳手时切忌过分用力,否则损坏螺丝,会导致不易拆卸和维护。洗好的发动机的活塞应该比较润滑,但此时严禁用力转动桨轴,因为在磨合前,用手转动桨轴会使活塞和气缸内壁的配合发生松动甚至产生较严重的磨损,导致气密性下降、发动机不易启动,严重的就报废。

(3)发动机燃料配置。

发动机的常用燃料为煤油(或蓖麻油)和乙醚(或甲醇),其中煤油(或蓖麻油)是发动机热能和润滑剂的主要来源。加入乙醚(或甲醇)是为了降低燃料的燃点,便于发动机启动。活塞式电热发动机主要采用蓖麻油和甲醇混合燃料。一般不同品牌的发动机要求的燃料混合比不一样,可根据说明书自行调制。由混合燃料的两种成分的不同用途我们可以知道,若在使用中发现发动机不易启动,可以增加乙醚(或甲醇)的量,但一般不宜增加过多,应小于 10%,否则会引起发动机的爆震。同样,为了提高发动机的燃烧热值和功率,可以少量提高煤油(或蓖麻油)的含量;另外,增加煤油(或蓖麻油)的含量可以提高气缸的密闭性。

2.部件定期检查

定期做好飞机各个部件的检查,使飞行更加安全可靠,减少"炸"机概率。对模型飞机结构的检查主要有以下几方面:

(1)机体、机翼和水平尾翼的连接是否紧密。

检查舵面铰链、摇臂连杆、舵角和起落架是否能正常工作,如图 11-5 所示。

图 11-5　固定翼检查后准备试飞

飞机在长期飞行过程中,由于飞行载荷大、飞行震动强,因此部件间一些用于粘接的胶质部分易氧化并出现皲裂情况。这些问题会严重危及飞行安全,甚至造成坠机事故。

(2)飞机的动力部分。

固定翼飞机的动力可分为油动和电动。

若飞机采用油动动力,要对发动机零部件进行定期保养和更换;若采用电动动力,则须定期检查电动机轴承和运转部件间隙,并在必要时为电机除尘、更换润滑脂,如图 11-6 所示。

接收机中的电池须定期充放电,长期不用时则须正确存储。为电动机提供能源的动力电池,长期不用时可在常温环境下存储(单片锂聚合物电池的存储电压为 3.83 V),以延长其使用寿命。

图 11 - 6　电动无人机检查

（3）检查飞机的电子设备。

对电子设备的检查，可从舵机着手，如图 11 - 7 所示。

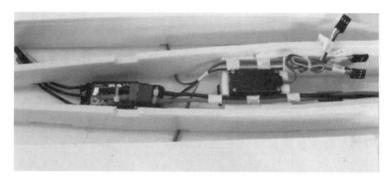

图 11 - 7　固定翼无人机电子设备检查

舵机是控制飞机飞行舵面的重要零件，一旦出现"扫齿"问题很容易摔机。经历了一定数量的飞行起落后，要及时清洗并检查舵机内部齿轮的情况，如果发现"扫齿"的齿轮，必须及时更换。

油动飞机震动大，还需定期更换舵机齿轮和润滑脂，或直接更换新舵机。另外，要检查从舵机上接出的延长线及各个接头处的插头，最好能做到定期更换。这是因为插头长期暴露在空气中，容易被氧化，从而导致电子设备接触不良，引起坠机事故。

（4）检查遥控设备。

模型飞机的飞行控制系统包括遥控器和接收机。

在平时的检查和维护中，大家都会注意擦拭和保养模型，却经常忽略遥控器和接收机的维护和清理。

由于长期处于室外飞行，遥控器的摇杆部位很容易进入灰尘，或者产生磨损，因此要轻拿轻放、经常擦拭。目前模型飞机上用得最多的是 2.4 GHz 接收设备，检查时要着重观察接收机上的天线有无断裂，并定期按照遥控器说明书进行地面拉距测试，如图 11 - 8 所示。

图 11-8 检查遥控器和接收机

3.维护保养

众所周知,汽车需要按照行驶里程进行维护保养,如果不进行保养维护就会影响汽车的性能,甚至对汽车造成损伤。无人机也是一样,外场飞行结束后,你有维护和保养吗?

(1)无人机放置。

尽量将无人机置于干燥环境中,最好将其放在水平托架上,或在机体内部放一些成品干燥剂。干燥的外部环境可以保证模型飞机不会因长时间放置产生变形。

(2)飞行后的养护。

每次飞行结束,操纵者都应对模型飞机做保养擦拭。如果是电动无人机,可选用质地柔软的除尘毛巾擦拭浮灰。

如果是油动飞机,则应先用浓度较高的酒精喷涂在机体表面稀释油污,然后用除尘毛巾反复多次擦拭干净,如图 11-9 所示。如不及时清理模型飞机表面的油污,很容易造成机体的腐蚀。

图 11-9 无人机专用擦拭酒精

（3）定期涂蜡保护。

目前市面上购买的无人机套材，一般其表面涂装均采用了喷漆工艺，因此需要做定期涂蜡保护，如图 11 - 10 所示。机体表面的定期涂蜡养护，不仅可使模型飞机更加光洁靓丽，还可在其上形成一层保护膜，保护涂装漆面。

图 11 - 10　无人机涂蜡

总之，作为一个合格的无人机操作员，不仅要精准掌握飞行动作，还应严格做好日常保养检查工作，要做到对自己的飞机各部分健康指数心中有数，切忌让其带着问题起飞。平时在外场训练前后，也要需注意飞机的日常保养。

11.4.4　多旋翼无人机日常维护

1. 面观

整体看一下多旋翼无人机的外表：

（1）机架是否歪斜；

（2）桨面是否有瑕疵、磨损、断裂，或者明显的明纹裂痕；

（3）电动机是否歪斜，电动机及其内线是否有熔断，异物残存；

（4）电调外包装是否完整，是否有破裂、烧痕或者烧焦味道；

（5）飞控连接线是否调理有序，同等接线口布局是否合理，有无明显接线异类线色；

（6）飞控安装是否水平，整体板子是否有熔断、烧焦、元器件焊接凸起；

（7）各个焊接点是否有明显断裂、焊锡点变形；

（8）遥控接收机天线是否有裂痕，是否有拉伸痕迹，接收机接线色是否整齐，有无异类线色；

（9）电调接线板是否有焊接松动，甚至是接线毛刺、灰尘；

（10）检查所有接线处，比如插针、香蕉头、T 插头等，看是否有拉伸痕迹，是否有熔化。

注解：异类线色。航模接线一般是黑红白或者棕红黄，用来做线路接线，安装时整排色泽是在一条直线上，如果安装错误，肯定会明显看出，因此取名异类线色。

2. 手动

（1）用手轻轻地拨动或者拉伸，用测试力。

（2）轻轻用手晃动机架，相邻的两个臂用手掰动，检查是否有松动。手拿一个臂在空中晃几下,然后双手各拿一个相邻两臂掰动,检查有无松动。如果有脚架,请晃动脚架检查是否松动。把带脚架整体机架放到地面,用手大力推一下,然后在离地 20 cm 处,地面有纸板铺垫的情况下下落几次,检查是否有架腿歪斜。

(3)手握住电动机,或者桨放在手上,握住一头桨,对桨面弯曲 30°,检查桨面是否有裂纹明纹,然后再换另一头。

(4)手握住电动机所在臂,然后轻轻晃动电动机桨座或者子弹头,看整体是否有松动,螺丝是否拧紧,然后握住电动机底座,再晃动电动机桨座或者子弹头,看是否有松动。

(5)电调接线连着接电动机、飞控、接线板,轻轻把线拉几下看周围接线是否牢固。

(6)手指握住飞控板侧面,轻轻晃动,检查飞控是否固定牢固;电调接线板上的线,都要用手轻轻晃几下,检查是否有松动。

(7)一只手轻轻地把接收机朝下握住,另一只手轻拍握住接收机的手腕,检查接收机的插针是否有松动。

(8)将所有有接线处,比如插针、香蕉头、T 插处等,如果是已经插上牢固的就轻轻拔一下看是否有松动,如果是需要经常插拔的,比如电池接口,插拔几次检查下。

注解:测试力。测试力即小力度,也就是弯折一个易拉罐薄皮的力道。

3.闻声

闻声很重要,用耳朵细细听。

(1)握住机架相邻两个臂掰动,听声音是否有固定机架螺丝松动。

(2)一只手握住桨面中心,另一只手在一个桨面边缘部分,弯曲 30°,然手迅速松手,听声音,一般塑料桨整体完整,无内伤或者外伤裂痕,听起来声音厚实有力,弹性十足。

(3)把桨固定,用手转动一下,正常的电动机转动声音是浑厚有力。但是有时候能听起来干巴巴的,或者声音发脆甚至能听到内部有明显的咯嘣沙子类声音,那么你需要检修一下电动机了。

(4)整体听声,将整体架子放到手上,握住一个臂,来回晃动,听是否有线路没有固定好以及四旋翼内是否有杂物声音。

4.测

进行综合检修测试:

(1)飞控单独供电,检查是否有异常,按照飞控飞行说明书,指示灯是否正确闪亮,遥控与飞控对接是否正常。

(2)不对飞控供电,将四个电调线分别接到接收机油门处,轻推油门听声音,检查是否有明显反应慢甚至是异声。

(3)将遥控器放置稳定处,飞机放在一个相对宽敞的地方,至少周围能有 50 cm 的空间。通电然后实行遥控飞控对接,低油门,按照所用飞控的品牌,检查是否有异常。

(4)轻推油门逐渐升高,听电动机转速以及观察飞控指示灯,油门可推至 3/5 处,观察情况。

(5)持续 1 min 左右,停止供电,用手摸一下电动机、电调、电调接线板、飞控板、线路连接部、电池线、电池插口等处,检查一下温度,是否有烫手感觉。

(6)如果上一条温度有异常,无需测试本条。如果上一条正常,再次对机器供电,打开,将油门对到低处,然后门推到 3/5 处,然后坚持 5 s,迅速拉回,如此重复两三次,然后将油门固定至中间,停留 10 s。迅速断电,检查温度是否异常。

(7)对上两条温度异常需要及时地进行检修和更换,比如:仅有电池接线滚烫,那么就是硅胶线负载不了如此强的电流,需要及时更换。仅有电动机电调温度很热,而不是烫,建议你以后飞行不要做大载重、超负荷动作。仅有电调电动机接线处滚烫,建议检查是否有焊接虚焊。开机后,电调 123 声音是否一致,如果听到有某个声音短缺,及时检查线路接线。开机后,某个电动机出现重复或者断续的 123 声音,那么请您检查焊接处是否松动虚焊。

11.4.5　无人直升机日常维护

无人直升机是很精密的机器,靠主旋翼的高速旋转来产生升力。任何一个传动部件都会影响其飞行状态。对于直升机而言精度决定其飞行的方方面面。所以,很多的直升机故障维修都是通过更换配件来完成的。同时,由于其主翼的高速旋转对于各关节的磨损都比较大,平常飞行前都应该养成检查的习惯,如图 11-11 所示。

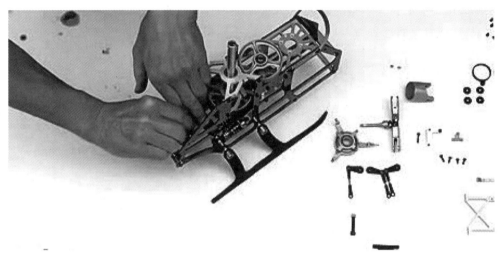

图 11-11　无人直升机拆机维修

1.整机清洁

周期:作业期间必须每天清洁,非作业期间可每周清洁一次。

要点:该项目主要指机身主体的清洁工作,如大桨、尾桨、机身板、尾杆、外露轴承的清洁工作。外露轴承建议涂上润滑脂,以达到润滑、防锈、防腐蚀的目的。

清洁过程中注意观察大桨、尾桨和尾杆的完整度、是否膨胀、是否开裂等情况,机身板上的固定螺丝是否有松脱等现象。

2.主螺旋头固定情况

周期:作业期间,每天要检查确认,非作业期间可每周检查确认。

要点:检查主螺旋头各个螺丝状况,大桨的固定情况,T 头是否松动。

3.主轴晃量检查

周期:作业期间,每天要检查确认,非作业期间可每周检查确认。

要点:检查主轴横向是否有晃量,上下是否有松动。如晃量很大,建议与厂家联系处理;若上下松动明显,建议马上返厂维修。

4.清洁主轴并加润滑脂

周期:作业期间,每天要检查确认,非作业期间可每周检查确认。

要点:作业期间建议每天清洁主轴并涂上润滑脂。同时需清洁主轴外露轴承,建议涂上润滑脂。

5.齿轮箱前轴检查

周期:作业期间,每天要检查确认,非作业期间可每周检查确认。

要点:检查齿轮箱前轴横向是否有晃量,若有晃量,建议返厂维修。检查单向轴承,正常状况是顺时针方向旋转只能自转,逆时针方向会带动主轴旋转。

6.启动轴晃量检查

周期:作业期间,每天要检查确认,非作业期间可每周检查确认。

要点:检查启动轴是否有明显晃量,若有晃量,建议返厂维修。

7.离合器检查

周期:作业期间,每天要检查确认,非作业期间可每周检查确认。

要点:顺时针旋转离合器罩,观察是否卡壳、不顺畅。有必要可拆掉皮带检查,正反向都应旋转顺滑。

8.尾螺旋头固定情况

周期:作业期间,每天要检查确认,非作业期间可每周检查确认。

要点:检查尾 T 头顶丝固定是否牢固,尾桨夹固定情况。

9.尾轴虚位检查

周期:作业期间,每天要检查确认,非作业期间可每周检查确认。

要点:检查尾轴旋转面晃量,若有晃量,建议返厂维修。

10.清洁尾轴并加润滑脂

周期:作业期间,每天要检查确认,非作业期间可每周检查确认。

要点:清洁粘在尾轴上的灰尘,再涂上润滑脂。检查固定尾轴的两个轴承,作业期间建议每天清洁,并涂上润滑脂。同时注意铜套的损耗状况。

11.尾轴变矩结构检查

周期:作业期间,每天要检查确认,非作业期间可每周检查确认。

要点:清洁变矩结构,特别是轴承,清洁后建议涂上润滑脂。

12.尾同步轮检查

周期:作业期间,每天要检查确认,非作业期间可每周检查确认。

要点:固定主轴,轻微转动尾轴,若有滑动现象说明尾同步轮固定不紧,需重新固定。

13.全机舵机拉杆清洁检查

周期:作业期间,每天要检查确认,非作业期间可每周检查确认。

要点:清洁舵机及拉杆,包括主螺旋头舵机、螺距拉杆和十字盘拉杆、油门舵机和拉杆、尾舵机和拉杆。

注意拉杆连接部分是否松动、变形,用两个手指轻拧固定螺丝观察是否松脱。注意球头扣和球头之间的磨损状况、间隙大小。

在未连接电源的情况下,用手摇动舵机臂,观察行程是否顺畅、是否有滑齿现象;连接电源后,摇动拉杆,观察相应舵机反应行程和速度。

14. 电池检查

周期：作业期间，每天要检查确认，非作业期间可每周检查确认。

要点：检查电池电线是否破损，电池是否有膨胀，电压是否正常。

15. 启动器检查

周期：作业期间，每天要检查确认，非作业期间可每周检查确认。

要点：检查单向轴承是否损坏，固定螺丝是否松脱，继电器是否脱焊。

16. 遥控器清洁检查

周期：作业期间，每天要检查确认，非作业期间可每周检查确认。

要点：注意防潮、防尘、防暴晒，有条件的话可以用风枪吹干净；检查各个操纵杆、按键是否正常工作。

17. 存放点检查

周期：作业期间，每天要检查确认，非作业期间可每周检查确认。

要点：机身存放点需注意防火、防潮、防尘、防暴晒，远离可能形成线路漏电场所。电池和遥控器建议存放在单独的箱子里，箱子的存放点也需注意防火、防潮、防暴晒，远离可能形成线路漏电场所。油箱的存放需注意防火、防潮、防暴晒，远离可能形成线路漏电场所。油箱不可长时间存放在车厢里。若油箱带油存放，请不要拧死通气口。

18. 主皮带、尾皮带、风扇皮带检查

周期：作业期间每周检查确认，长时间未使用后首飞应先检查一次。

要点：注意是否少齿、分叉以及其他可能导致断裂的状况，并检查松紧度是否合适。

19. 检查更换空气滤清器

周期：作业期间建议至少每周更换一次，在比较恶劣的环境里作业，可缩短检查更换周期。

要点：空气滤清器的干净与否会影响发动机的工作效率，因此要经常检查空滤；更换安装时注意固定卡箍是否对齐，是否牢靠。

20. 清洗火头

周期：作业期间建议每周清洗一次火头。

要点：用汽油清洗，并将火头上的积碳用铜丝刷刷掉；清洗干净，用间隙尺测量火头间隙是否为 0.7 mm。

21. 齿轮油检查及更换

周期：作业期间建议每周检查一次，连续一个月使用后可拧开加油孔检查齿轮油是否老化。长时间未使用后的首飞也须检查确认。10 个飞行小时磨合阶段后应更换一次齿轮油，以后每 30 个飞行小时更换一次齿轮油。

要点：每周检查一次齿轮油密封状况，是否有渗漏。齿轮油老化明显建议更换。

11.5　无人机的存放

无人机飞行任务完成后或长期不用的时候，我们需要将无人机进行存放。本节就来学习无人机存放的注意事项。常见的存放方式为悬挂、箱存和架挂，如图 11 - 12 所示。

11.5.1　长久保存

无人机长久不用，应该好好保存，对于固定翼无人机我们需要注意以下几方面：

（1）电池，电池尽量用平衡充放电或者充电至 3.8 V，然后放在阴凉干燥密闭处保存。注意电池插口要防氧化。插头处注意干燥，有条件可以做个封装。

（2）飞控，放置于密闭袋中封存，注意插头处进行要干燥。

（3）电动机封存，电机内部要进行除污、上油，对外刻字，尤其是刀刻字上油，否则容易氧化字体刻处，容易生锈。

（4）电调封存。

（5）桨用塑料纸、布或者泡沫片间隔包裹，放到不容易挤压，无日照区域存放。

（6）机架挂起来，以保证机体不变形。

（7）长期不使用的无人机，每隔一年必须进行一次检修。

(a) (b)

(c)

图 11-12　无人机的常见存放方式

(a)悬挂；(b)箱存；(c)架挂

11.5.2　储存注意事项

无人机在非使用期间需要进行存放，存放并非是随便找个地方放着就好，而需要注意以下几点：

（1）存放地必须选择防水、防晒、防虫、防火、远离可能形成线路漏电场所的地方。

（2）存放时应注意固定牢靠并保证无人机不会受到其他物品挤压。

（3）如果存放时间过长，为防止主旋翼的变形，可以将主旋翼拆卸后悬挂。

（4）在对电池和遥控器进行存放时，需放在单独的箱子里，注意防火、防潮、防暴晒。长时间存放时,应将电池充放到存储电压,每隔一个月时间充放一次。

(5)各活动部位每隔段时间应通电活动,或进行润滑。

(6)存放后要做好监管工作,以防他人误动、误调。

11.6　电池的日常保养与维护

电池是保证电动无人机正常起飞的必要条件,如何才能增加其使用寿命是值得每一位无人机拥有者深思的问题。本节就无人机电池的养护及发展问题展开讨论。

无人机电池、手机电池都是锂电池,是设备的动力来源,对安全性能要求较高。但二者又存在差异,无人机电池较手机电池有一个显著的特点——放电能力要求高,无人机电池需要大电流放电,以此来满足无人机在不同环境下的使用要求,例如航拍时,如果遇到一阵强风,那么需要电池大电流放电做出相应的补偿,保证无人机的位置。如图 11-13 所示为电动无人机锂电池。

图 11-13　电动无人机锂电池

11.6.1　不过放

锂电池的放电曲线(见图 11-14)表明,刚开始放电时,电压下降比较快,但放电到 3.9～3.6 V 之间,电压下降不快。可一旦降至 3.6 V 以下,电压下降速度就又会加快,控制不好就导致过放,轻则损伤电池,重则电压太低造成炸机。

有些初学者因为电池较少,所以每次都会过放,这样的电池很短命。策略是,尽量不要每次把电池飞到超过容量极限。要充分利用电池报警器,一报警就应尽快降落。

11.6.2　不过充

(1)使用专用的充电器。这个充电器可以是锂离子或锂聚合专用充电器,两者非常接近。部分移动电话的充电器可以用来充锂聚合物电池(特指带有智能保护板的锂聚合物电池),这不会损坏电池。

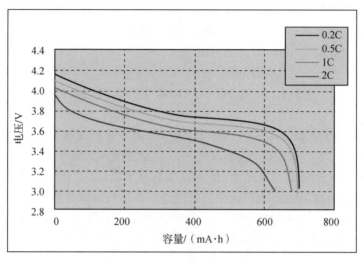

图 11-14　锂电池放电曲线

(2)准确设置电池组的电池单体个数。如使用锂聚合物电池智能充电器,充电的前几分钟你必须仔细观察充电器的显示屏,在上面会显示电池组的电池个数。如果显示不清楚,或者提示错误的,请先断开充电器,检查充电器后再充电。如你使用的充电器没有显示屏,请先用电压检测器检查每片电芯的电压和个数,电压和个数正常的情况下再进行充电。

(3)第一次充一个新的锂电池组,检查电池组每个电池单体的电压,新电池出厂时,单片电芯电压为 3.8~3.85 V,每片电芯的压差不超过 0.1 V,以后每次充放电结束,建议都检测一下电池电压是否正常,这样操作是非常有必要的。一个电压不平衡的电池组,即使是电池个数选择正确,在充电时仍会有爆裂的风险。若电池组内电池单体电压相差超过 0.1 V,建议用 0.2 C 小电流将单体电芯分别充到 4.2 V 使之相等。若每次放电结束,且静置 10 min 之后,电池单体的电压差均超过 0.1 V,则表示你的电池已经出现故障,应当更换。

(4)无人照看时请不要充电。

(5)使用安全的位置放置充电的电池和充电器。充电时,请注意充电的桌面或平台是否可耐热耐高温;充电时,有条件的选择在水泥地上或者装满泥沙的花盆中充电。远离易燃易爆物品,如:纸张、塑料、地毯、乙烯、皮革、木材、汽油等,请勿直接放在负载、汽车中充电。

(6)一般没有厂家的特别说明,充电电流不要超过 1 C。现在支持大电流放电的电池也支持超过 1 C 的电流充电,但这将影响电池的寿命,不如买 3 个电池交替充电,这样比买 1 个电池而不得不快充更划算。

11.6.3　不满电保存

充满电的电池,不能满电保存超过 24 h,如果超过一个星期不放电,有些电池就直接鼓包,有些电池可能暂时不会有反应,但在经过几次满电保存后或者大电流充放电后,电池可能会直接报废。因此,正确的方式是,在接到飞行任务后再充电,电池使用后如在 24 h 没有飞行任务,请将单片电压充至 3.8~3.9 V 保存。对于充满电后因各种原因没有使用的情况,需要在充满后 24 h 内把电池放电到 3.8~3.9 V 保存。如在 3 个月内没有使用电池,请将电池充放电一次后继续保存(注意保存电压为 3.8~3.9 V),这样可延长电池寿命。电池应放置在阴凉

的环境下贮存,长期存放电池时,最好能放在密封袋中或密封的防爆箱内,建议环境温度为
10～25℃,且干燥、无腐蚀性气体。

11.6.4　不损坏包装

电池的外包装是防止电池爆炸和漏液起火的重要结构,锂聚电池的铝塑膜破损将会直接
导致电池起火或爆炸。电池要轻拿轻放,需要在设备上固定好电池,因为设备有可能在执行任
务时,出现飞行大动作或者摔机或其他不可预料的撞击,电池有可能被甩出导致外皮破损,从
而燃烧等现象。

11.6.5　不短路

电池短路往往发生在电池焊线维护和运输过程中。短路会直接导致电池打火或者起火爆
炸。当发现使用过一段时间后电池出现断线的情况需要重新焊线时,特别要注意电烙铁不要
同时接触电池的正极和负极。另外运输电池的过程中,最好的办法是,对每个电池都单独套上
自封袋并置于防爆箱内,防止运输过程中因颠簸和碰撞导致某片电池的正极和负极同时碰到
其他导电物质而短路。

11.6.6　不低温使用

对于采用锂电池驱动的无刷电机为动力来源的无人机来说,低温环境对电池的影响是个
不容忽视的问题。在中国北方冬季进行作业的操作者会经常遇到智能手机因在低温环境中通
话而迅速失电并自动关机的情况。当电池温度低于 15℃的时候,其化学活性已开始降低,电
池的内阻开始增大。当温度更低的时候,内阻的增大使锂电池的放电能力显著下降。当电芯
电压低于 3V 时,无人机的无刷电机将难以维持无人机的正常飞行。当温度低于−20℃时,带
有管理电路的电池会切断电力供应以避免电芯过放,从而导致无人机坠毁。因此,在低温环境
中拍摄的无人机正式进行航拍作业之前,要带电低空悬停 1 min 以上,以便操作员了解无人机
整机在低温环境中的表现情况,对飞行计划进行调整,同时利用电池的自身发热来抵御严寒的
不利影响。在掌握当地天气情况并对光照和风力等因素进行通盘考虑后,还应时刻监控无人
机的状态。另外,应当适当调高无人机电池的报警电压,以便适应锂电池在低温环境中陡峭的
降压曲线。

再有,要给电池做保温处理,在起飞之前电池要保存在温暖的环境中,比如房屋内、车内、
保温箱内等。要起飞时快速安装电池,并执行飞行任务。在低温飞行时尽量将时间缩短到常
温状态的一半,以保证安全飞行。

在高原地区进行飞行任务的时候,较小的空气密度使无人机的旋翼需要更高的转速来产
生足够的升力,此时无人机的耗电速度要比平时快。操作手要注意时刻监控电池状态,以免无
人机坠落。另外,高原地区往往阵风频发,无人机在抵御大风的时候,也会多耗能量。因此,在
高原上,操作手要准备多块电池,随时准备替换。

在此补充说明,大家在购买无人机电池时不要盲目选择,要考虑品牌、市场热度、评测性能
等因素,将各方面因素综合起来考虑选择适合自己无人机的电池。一般选择电池从这几个方
面去参考:低内阻、高爆发力、防撞击、高容量、高可靠性、智能化等。

无人机产业是朝阳产业,无人机电池产业亦是朝阳产业,发展前景也十分广阔。锂电池在

今后的发展中会越来越适用全方位使用,更安全、更智能、更普及。

11.7 总 结

尽管在使用无人机的过程中小心谨慎,但难免会出现一些小的故障,而通常出现的这些小故障主要还是因为维护保养不到位引起的。例如给客户植保作业完毕后,因时间太晚或者操控员事情繁多,就只对无人机表面进行简单清洁,没有按要求进行维护保养。通常无人机一次没按要求进行清洁不会产生多大影响,但多次不进行清洁容易出现故障。如主旋翼和尾旋翼边距机构,作业完成后没有及时清洁和保养,导致农药残留就会影响边距机构的工作,使舵机工作负载增大,舵机发热严重。如果遇到这种情况应立即清理边距机构的农药残留,并使用所配的润滑剂进行清洁和润滑,问题就基本解决了。

无人机价格昂贵,因此无人机寿命也是大家关心的问题。一般来说,无人机主件不被人为破坏或没有摔机情况,都是可以长期使用的。但在无人机使用过程中应坚持"三分用,七分养"的原则,注重日常维护和保养。爱惜它寿命就长,反之,寿命就短。

11.8 课 后 习 题

一、选择题

1.下列关于无人机保养的说法不正确的是(   )。

A. 无人机保养是为了保障飞行安全

B. 定期保养可减少飞行事故

C. 无人机保养不需要定期检查,飞行前检查就好

D. 无人机保养是由运行人进行

2.无人机维修是指(   )。

A. 无人机拆解   B. 无人机维护与修理

C. 无人机调试   D. 无人机清洗

3.以下不是无人机存放在干燥的环境中的原因的是(   )。

A. 防止无人机机架变形   B. 防止无人机部件滋生霉菌

C. 防止无人机电子设备受潮   D. 防止无人机蛀虫

4.关于无人机维修,下列描述不正确的是(   )。

A. 无人机维修包括养护、修理、改装、大修、检查以及状态确定

B. 无人机必须带参数维修,不含参数调试

C. 无人机维修可使无人机保持和恢复到规定状态

D. 无人机维修是维护、修理和管理工作的统称

5.为什么说无人机电池的寿命相对较短?(   )

A. 无人机摔机造成电池损伤

B. 无人机高速振动对电池造成损伤

C. 无人机需要大电流放电来补偿飞行姿态偏移

D. 以上都是

6.在对无人机常规通电检查时发现只有某几条相同硅胶线发热,可能是(　　　)。

A. 接线短路　　　　　　　　　　　　B. 此种硅胶线承载不了电流负荷

C. 焊接虚焊　　　　　　　　　　　　D. 以上都是

7.通电后某个电调发出的 123 声音断断续续,出现这种现象的原因是(　　　)。

A. 该电调本身有故障　　　　　　　　B. 该电调线焊接虚焊

C. 电调电源线接反　　　　　　　　　D. 电调模式不对

8.多轴飞行器使用的锂聚合物动力电池,其单体标称电压为(　　　)。

A. 1.2 V　　　　　B. 11.1 V　　　　　C. 3.7 V　　　　　D. 4.8 V

9.多轴飞行器的旋翼旋转方向一般为(　　　)。

A. 俯视多轴飞行器顺时针旋翼　　　　B. 俯视多轴飞行器逆时针旋翼

C. 俯视多轴飞行器两两对应　　　　　D. 根据个人喜好设定

10.某多轴电调上标有"15A"字样,意思是指(　　　)。

A. 电调所能承受的稳定工作电流是 15 A　　B. 电调所能承受的最大瞬间电流是 15 A

C. 电调所能承受的最小工作电流是 15 A　　D. 以上都不对

二、简答题

1.为什么要进行无人机的日常保养?

2.简述无人机系统的特点。

3.固定翼、多旋翼、直升机三种无人机的日常维护有哪些相同点?

4.无人机储存的环境有什么要求?

5.低温对无人机电池有什么影响?

参 考 文 献

[1] 飞兽社区.无人机新手基础操作教程[EB/OL].[2016－08－12].http：// blog.sina.com. cn/s/blog_12b934b4e0102wocb.html.

[2] igWHa33.无人机新手基础操作教程：三[EB/OL].[2019－06－17].https：// wenku. baidu.com/view/fle4f670a0c7aa00b52acfc789eb172dec63990a.html.

[3] jwyz jwcdxpp.无线电遥控模型飞机戴氏教学法：基础飞行训练：上册[EB/OL].[2012－ 07－23].http：// www.docin.com/p－448117950.html.

[4] zxhwzf.折纸法塞斯纳[EB/OL].[2012－06－03].https：// wenku.baidu.com/view/ ac4338ef856a561252d36f6e.html.

[5] mgdgdqi.固定翼的飞行教程及原理入门必看[EB/OL].[2010－04－08].https：// wenku. baidu.com/view/276c67c66137ee06eff91866.html.

[6] 黄晓滨.遥控模型飞机进场着陆技巧[J].模型世界,2000(8):105－128.

[7] 共同成长.航空模型 CS688 450 级直升机[EB/OL].[2016－06－21].http：// www. 360doc.com/content/13/0621/21/12109864_294612286.html.

[8] 13646219224.直升机教材：简体[EB/OL].[2011－11－16].https：// wenku.baidu.com/ view/07aec90b76c66137ee061964.html.

[9] 李晗,闫晓阳.浅析中职院校无人机专业需求及培养模式研究[EB/OL].[2019－07－15]. http：// www.cnki.com.cn/Article/CJFDTotal-JMSA201714215.html.